青春对话

〔日〕池田大作 著

韦立新 译

人民出版社

责任编辑:宫 共
封面设计:源 源

图书在版编目(CIP)数据

青春对话/(日)池田大作 著;韦立新 译. —北京:
　人民出版社,2020.9
ISBN 978-7-01-022292-9

Ⅰ.①青… Ⅱ.①池…②韦… Ⅲ.①人生观-青年读物
Ⅳ.①B821-49

中国版本图书馆 CIP 数据核字(2020)第 121024 号

青春对话
QINGCHUN DUIHUA

[日] 池田大作 著
韦立新 译

人民出版社 出版发行
(100706 北京市东城区隆福寺街 99 号)

北京佳末印刷科技有限公司印刷 新华书店经销

2020 年 9 月第 1 版 2020 年 9 月北京第 1 次印刷
开本:880 毫米×1230 毫米 1/32 印张:8.625 字数:172 千字

ISBN 978-7-01-022292-9 定价:28.00 元

邮购地址 100706 北京市东城区隆福寺街 99 号
人民东方图书销售中心 电话 (010)65250042 65289539

池田大作

　　1928年生于日本东京，创价学会名誉会长，国际创价学会会长。曾任日本创价学会会长（1960—1979）。世界著名佛教思想家、哲学家、社会活动家。创立创价大学、美国创价大学、创价学园、民主音乐协会、东京富士美术馆、东洋哲学研究所、户田纪念国际和平研究所等机构。池田与创价学会致力于推动文化、教育、和平，1983年获联合国和平奖，1989年获联合国难民专员公署人道主义奖，1999年获爱因斯坦和平奖，并获多所世界著名大学的名誉学术荣衔，包括北京大学、清华大学、复旦大学、武汉大学、香港大学等。在中国获得的奖项有：中国艺术贡献奖（1989）中日友好"和平使者"称号（1990），"人民友好使者"称号（1992），中国文化交流贡献奖（1997）。

目　录

第一章　青春的希望

青春的烦恼、青春的希望

去攀登眼前的高山吧！别着急，保持自己的节奏和步伐

——非常感谢您的"青春对话"！对于高中生来说，这些对话想必会成为其一生的宝藏啊。

池田先生您人生阅历丰富，请您畅所欲言，为我们不吝赐教！

池田　哪里哪里。请你们多多关照才是！我也会竭尽全力的！

我要把真实的东西告诉年轻的一代。为什么呢？因为对于现在的我来说，除了要培育真正的 21 世纪的领导者之外，再无其他别的所愿。

为了世界，为了人类，为了和平，我们除了培育出真正

的人类领导者之外，再没有别的出路。这是全世界的期待，同时也更是我最大的喜悦。

户田先生（创价学会第二任会长户田城圣）曾经说过："见到潜心求道的纯真而无畏的青年们是我最大的快乐。"

我也有同样的心情。对于将活跃在 21 世纪这一人类最重要世纪的年轻一代，我寄予最大的期待。我祈愿大家的胜利！因为你们的成长和活跃，就是世界和平。

不管怎么说，我绝对不想把高中生当作小孩子来看待。我是把高中生完全当作一个大人、一个完整人格来尊敬的。我觉得，你们就是绅士，就是淑女。

因此，我会毫不掩饰地、坦率地跟大家谈。即使大家现在暂时还不能完全理解也没关系。或许还会有两种情况：有些话令大家信服，但有些话大家可能难以苟同，这也无妨。只要大家能获取到某些对自己有用的东西就好。

"那家伙，可真有点与众不同呀"

池田　不过呢，我由衷地希望，我所挚爱的各位都能拥有一个"无悔的青春"。在重要的、一生中最基础的十几岁阶段里，绝不应该留下懊悔和遗憾！

我希望大家都能按自己的意愿和方式，尽力去做一件自己想要做的事，无论什么都好，获取一种"我曾经达成过"的满足感。打扫卫生也好，社团活动、义工也罢，自己曾经做过，努力过，以致让别人感觉到："那家伙，可真有点与众不同呀!""那家伙真不简单呀!"我希望各位都能成为这样的人。

——说到当今年代的高中生,都有这样的特点:很多人都想着要做些什么,但却往往都不知道该做什么好。

又或者,根本就没有什么想要做的事。即便有想做的事,也缺乏付诸行动的勇气。于是乎,自己对自己的这种状态也感到不满而闷闷不乐。我想,这样的人想必不在少数吧。

我曾经听一位高中生说:"在现在的学校里,如果学习不好就不被当人看。"不由得心头一震。所有一切都以学习成绩来决定,如果升不上好一级的学校,就仿佛一下子成为人生的落伍者一般。看来,学生们都处于这样一种挣扎当中啊。

那么,是不是那些成绩好的都胸怀着远大的"理想"呢?其实也不尽然。很多人都已筋疲力尽而缺乏朝气。看起来,究竟如何才能够活出"自我",如何才能体现出自己的价值,这真是个大课题呀。

不为烦恼所困,只顾勇往直前

切勿自甘堕落

池田 这些都是学历至上主义带来的弊病呀。不教导"为何而学"的根本目的观,不传授"如何做人"这一为人之道,而一味地给年轻人增加压力和烦恼。日本的这种现状的确令人忧心。

可是,面对如此现状我们该怎么办呢?怨社会,怨学校,怨父母，恨自己，这样就能解决问题、满足自己吗？不可能吧？在这个世界上，自己一定是独一无二、无法替代的。我们绝不可妄自菲薄、自甘堕落。

从某种意义上来说，无论什么样的时代，都会有深刻的苦恼。无论什么时代，青春都与烦恼纠葛常伴。

另外，绝不仅仅只是学习上的事，还有家人、健康、容貌、异性、朋友等等。有各种各样的烦恼。有痛苦，有不安，还有懊悔和悲伤。不断地与所有一切的烦恼做斗争，这就是青春时代呀。

在这过程当中，一边挣扎，一边拨开乌云，迎着太阳，走向希望。这就是青春的力量。

有烦恼、失败、后悔，这是理所当然的。重要的是，不能输给这一切。应该一边经受烦恼、痛苦，一边不屈不挠地向前迈进。

——明白了。

池田 一旦迷了路，该如何前进、如何奔向大海呢？

其实，无论哪条路，只要一步步向前迈进就行。向前迈进，就一定会遇到河流。沿着河流走下去，终究有一天会来到大海。

因此，重要的是一直向前、永不停步。一边挣扎，一边向前，哪怕是前进一分一毫也好，一步步地向前迈进。只要一直这样勇往直前地贯彻下去，过后再回首时，就会发现自己已经穿越过了原始丛林。

在前进过程中体验过的痛苦、悲伤，都将会深化、丰富我们的人生经历。而这些，都是成就 21 世纪领导者不可或缺的营养。

比如说，自己如果曾经因学历至上主义、分数至上主义而痛苦、挣扎过，就会立志于将来去实现有别于此的真正的教育，实现能为每个人都带来希望的教育。

能如此下定决心，并进而奋发向前、奋斗不已，他就能成为 21 世纪的领导者。

21 世纪的领导者，应该站在经受痛苦者一边

不要跟别人比，要跟昨天的自己比

池田 学习当然很重要，但并不是高中的学习成绩就决定了人的一辈子。人的一生取决于自己的努力与否，取决于所走的路是否正确。不要跟别人比，而应该与昨天的自己比。只要有一点点的进步，那就是胜利。

据说有一位名人对自己的儿子是这么说的："成绩中等就好，但应该要成为大人物。"

一个了不起的人，绝不是取决于其学历或社会地位。再有名的大学毕业，也会有成为犯罪者的。而且，有的所谓"精英"，只会恃才傲物。我想要培育的，不是所谓的"精英"，而是"领导者"。

能够站在烦恼、痛苦、不幸的人们一边，才是了不起的。

这才是"新世纪的领导者"。

当今的现实社会，对待不幸的人们往往总是践踏、蔑视、冷落、排挤，许多领导者都是如此。这实在是难以饶恕的错误呀。读书，本来是为了拯救这些不幸的人，而现状却是鄙视他们，越发给他们增加痛苦。我们怎能容忍这样一种残酷、傲慢、不慈悲而卑鄙的世态存在？无论如何都要改变它！我正是为此目的而奋斗。我希望大家能了解我的这一志向，并把它传承下去。

把他人的评价颠覆掉吧

——有些人因为"就读的学校不是自己理想中的学校"而一蹶不振呢。

池田 的确，这或许有些让人感到遗憾。但另一方面，如果从"学习"的本质来看，或从长远的眼光来看，学校知名与否其实无关紧要。

我自己也是读夜校的。在战后的混乱时期，我一穷二白，一边打工一边读书。当时的确很辛苦，但现在却能以此引以为自豪。

后来，户田先生专门为我进行了个别辅导，倾囊相授。他的初衷是要我"成为没条件上名校的人的希望"。

在最艰苦的环境下发奋而起，最终成为了不起的人物，这将能成为众多民众的希望。希望大家不要忘记，有些事是不能光凭学历来下结论的。

总而言之，要面对现实。既然现实中就读的是这所学校，则无论社会上如何评价，都应该坚信自己所在的学校是最好的，是自己最理想的"学习场所"。这种坚信对自己是有益的。如果因为他人一时的评价而丧失自信心，这是很愚蠢的。才十几岁的你们，今后还拥有各种各样无限的可能性。

——那，是不是还是最好以努力考上大学为目标呢？

池田　这点我很赞成，最理想的还是上大学念书。因为大学的环境更利于培养实力，毕业后有机会为更多的人做出贡献。

"不学则卑"

池田　不过，选择走自己的路，这也是个人的自由。若能在某个方面找到自己的路，从中能感受到一种使命感，这难道不也是理所当然的吗？重要的是不要让父母担心。希望大家都能拥有适合自己的理想，一旦决定"这条路我走定了"，就要为实现自己的理想而挑战下去。

学习并不应该只是为了上大学，而是为了充实自己。有这么一句话，叫"不学则卑"。可以说，人之所以为人，就在于"学习"。

而且，当今世界是个高度信息化的社会。如果不经常保持学习，马上就会落伍。一辈子都要坚持学习，活到老，学到老，这是今后的领导者必备的条件。

当今社会所面临的困境，其实其根源在于领导者本身的黔驴技穷，因为他们"不学习"。比如说，虚心听取年轻人的意见，从中学习、汲取有益的东西并付诸行动。可以说，这样一种余裕，或者说这样一种为人应有的胸襟和气度正在缺失。

十几岁的现在，正是储蓄可以终身受用的"学习"能量的时期，是锻炼大脑、打好基础的关键时期。因此，我要一再反复强调："不要去跟别人比，而要根据自己的实际情况去拼命学习。""被人瞧不起也好，因受挫、受辱而感到窝心、气愤也好，都要毫不气馁地勇往直前。"拥有如此决心的人，首先就已经赢了一半了。

何谓"自体显照"？

池田 人的一辈子，能自始至终地保持和贯彻自己的风格，才能体现出自己的价值。

佛法教导人们要"自体显照"。把自己的本体、原本而真实的自己显现出来，使之闪耀光辉并照亮周围。这就是最好的"个性""独创性"。

——这让人想起"龟兔赛跑"的故事。世上既有像兔子一样的人，也有像乌龟那样的。不过到最后，我想终会是那些不慌不忙却又不懈努力坚持走到最后的获胜。

也就是说，重要的是朝着终点目标前进，坚持到底，不要自我放弃，对吧？

记得亚特兰大奥林匹克运动会（1996年7月、8月召开）上，男子马拉松竞赛最后一名选手就是阿富汗的高中生。

他当时说："我的目的并不是要拿第一、第二名，而是要来亚特兰大参加赛跑。""我从未想过要中途放弃。（省略）我就是想让世人看看，在阿富汗，人们也毫不含糊地、坚强地活着！"（《朝日新闻》1996 年 8 月 5 日晚报）

为了饱受战火煎熬的祖国的人民，他不屈不挠地坚持跑到终点，实在是令人感动。

每个人都一定有自己独特的使命

每一座不同的山，自有其不同的使命

池田　重要的是，要有一种"忍着点，沉住气，等着瞧吧！"的精神。青春，不能够太浮躁、太焦虑。你们作为人的真正的价值究竟如何？将要在 10 年、20 年、30 年后才受到考验。关键要看到那个时候怎样？到了那个时候，是否完成了自己的使命？

所有的人，都有其非他莫属的使命。没有使命的人是不会诞生于世的。

世界上有很多山，有高山，有低山。世界上还有很多河流，或长或短。但有一点是千真万确的：她们都是不折不扣的山，都是不折不扣的河流。有安稳静谧如古都奈良的树叶茂密之山，也有巍峨雄壮的阿苏山，还有宏伟壮观、白雪皑皑的喜马拉雅山。她们的美都各异其趣，各有千秋。而河流呢，则既有作为鲑鱼故乡的石狩川，也有富于诗情的千曲川，还有一眼

望不到对岸的黄河、亚马孙河，她们都各自有其独特的魅力。

人也一样，都有各自不同的使命而存在。你们每一个人都有着非自己不能完成的独特使命。这是肯定的。希望大家坚信这一点，并引以为豪！

如何了解自己的使命？

——那么，若想了解自己的使命，我们应该怎么做呢？

池田 什么都不做，一动也不动地，这样是不可能明白的。应该去挑战某件事情，无论什么事都行。在不断地努力过程当中，自然就会确定出一个方向来。因此，不要去逃避自己当前应该做的事。

也就是说，要"攀登眼前的高山"。只要登了山，双脚就会得到锻炼。双脚锻炼强壮了，就可以挑战下一座更高的山。如此周而复始，不断挑战下去。

一旦登上了顶峰，就会有更广阔的人生展现在眼前。慢慢地，自己所应担负的独特使命就会逐渐得悟。

能够始终牢记自己"肩负有使命"的人是坚强的。无论有什么样的烦恼，他们都不会认输。因为他们往往会把所有的烦恼都转化为希望的能量。

——也就是说，"每个人都有其使命"。要想达成自己的使命，首先要"攀登眼前的高山"，对吧？

池田 人生就是要不断地翻山越岭，能越过最高的山峰，就是胜利者。反之，逃避攀登高峰，而一味地往谷底、往低处去，这种人将成为人生的失败者。

是往山顶上攀登？还是往谷底下走？说得极端一点，这就是两种不同的人生。当然，其中还会有些人在登山到半途的时候，只在原地打转。

"家里穷，让人很难为情"

池田　比如说，也许会有人因家境贫穷，无法按时缴纳学杂费；或是买不起想要的东西而郁郁寡欢，感到在人前抬不起头。

可是，过去很多人都是这样过来的呀。贫穷一点也不可耻。不走正道、内心贫乏才是可耻的。

出身豪门是不是就一定幸福？生在贫贱之家是不是就注定不幸？这其实不能说得那么绝对。在今天，有很多人认为只要有钱就一定幸福，这其实是大错特错。财产与幸福与否完全是两回事。那些看起来很富裕，人人都很羡慕的家庭，往往也会有外人无法得知的深刻的苦恼。

我从前曾经与一位世界著名的财界人士做过交谈，他说过这样的话："我现在成名了，也有了财产。但我觉得过去贫穷时的生活比现在更充实、更有乐趣，有奋斗的目标，人生充满挑战。"他还说道："正因为如此，我最近深深地感到：应该要为别人做出贡献。"多么意味深长的话呀。

什么人能成为"强大的人"？

池田　有些人会这么认为：因父母穷，父母没文化，父母常吵架，"所以自己很不幸"。其实不然。我希望大家要这么想："正因为生长在一个普通家庭、一个真实的现实世界里，自己才能成长为一个富有人情味的人。"

也许出生在显赫的家庭里，看起来似乎更理想一些，但在那些过于拘泥于形式，过多受缚于规矩、传统和排场等，过于机械的环境里，岂能过上真正富有人情味的生活？

看到父母吵架也好，自己经常挨骂也好，或者时不时被人瞧不起也好，我们都一笑置之。把这一切全都看作是将自己造就成为"强大的人"、为自己造就"强大的内心"的难得经历。只有亲身经历过这样的痛苦，才能将心比心地理解别人的心情。

不能体会别人心情的人，是难以成为真正的领导者的。当今社会的不幸，就是那些不能体察民心民意的领导者太多了。人的悲伤和痛苦，会耕耘自己这片大地，从而使人在心底里绽开出"要使他人幸福"的美丽花朵来。

"妈妈，让我自己决定我自己的事吧！"

——的确，因为家庭的事而烦恼的人我想一定有很多。

既有"因妈妈总是唠唠叨叨太烦人，气得不想跟她说话"的人，当然，也有跟妈妈相处得很好，无话不谈的人……

因毕业后的出路、生活上的问题而与母亲吵架，内心里希望妈妈"让我做自己想做的事，别管我"的人肯定不少。

池田 做母亲的本来就是爱唠叨的。（笑）母亲一旦不唠叨了，那就成"外人"了。自古以来，母亲的口头禅肯定就是"该学习了""别光看电视""别睡懒觉"等等，这是想改也改不了的。自己有一天为人父母之后，自然就会明白父母的心情了。

所以，当被父母唠唠叨叨的时候，能不能大方点接受？不妨多想想："声音大说明她身体健康，很好！"（笑）"爱唠叨是爱情的表现，很难得呀！"当你暂时还无法做到这一点的时候，被人家说你精神上还是个孩子，那也是没办法的事，不是吗？

无论什么动物，其所有生存的技能和智慧，包括觅食方法、捕获猎物的方法等，都是由父母那里传授而来，何况是人类？正因为父辈们不厌其烦地谆谆教诲，我们才能走上正道。这一点，等大家长大成人之后就会明白了。

能理解父母心情的才是大人

池田 过去听过这么一个故事：有一位年轻人跟父亲吵了架，垂头丧气地坐在路边。这时，来了一位熟人对他说："我18岁的时候，也常被家里的老头子因些鸡毛蒜皮的小事教训这教训那的，心里觉得烦透了。但过了十年之后，发现他所说的话都很有道理，都应验了。当时心想：老头子什么时候变得这么长进了？"

当然，不是老头子所说的话改变了，而是听者的耳朵不一样了，是听者自己成人后懂事了。显然，他是故意在用幽默的口吻来劝导年轻人。如果连自己父母的心情都无法理解的话，那是不可能造福他人的。

希望青年人一定要孝顺父母，要有这样的决心：将来要有出息，要珍爱母亲，让母亲成为世界上最幸福的人！当然，这并不是说可以不用管父亲。（笑）

另外，就是要运用好智慧以尽量避免和父母发生争吵。本来夫妻吵架就已经够忙乎的了（笑），如果再加上跟孩子的争吵，变成"三方混战"那就太不幸了。

自己要成为照亮黑暗的太阳！要战胜一切烦恼！

不幸丧失了父母，或父母亲患病了的人

——从某种意义上来说，在那些不幸失去了父母亲的人看来，抱怨"父母太唠叨"，说不定还是一种奢侈的烦恼呢。

池田　是呀。有的人年纪轻轻就失去了父亲或母亲，还有的人双亲都不幸痛失。这些人会觉得自己孤苦伶仃很寂寞，他们也许会羡慕双亲健在的人呢。

不过话又说回来，到了百年之后，现在活着的人几乎都会不存在。每个人都终将有一天会和父母亲分别。

此外，还有父母亲患了病的人吧？还有的因父亲经商失

败而导致生活陷入困境。有的明明没做什么坏事，却平白无故地遭人责难。但这所有一切的不利因素，都可以转而成为自己坚强地活下去的正能量。

经历越多的痛苦和悲伤，就越是要在生活中坚强而勇敢地勉励自己，去"努力争取更多的幸福"，"努力成为一家的顶梁支柱"。这就是佛法。了不起的人，往往大多出自那些"父母亲不在了"，"父母生病了"的人们当中。

父母亲健在就一定幸福吗？那可不一定。世上既有杀害自己孩子的父母，也有杀害父母的孩子。所以说，幸福与否绝不是这种表面的形式所决定的。

总而言之，要"自己成为太阳"。如能做到这一点，则所有的黑暗都会消亡。所以关键是自己，而不是父母。无论发生什么事，都要坚信"我是太阳"，而从容不迫地生活下去。当然，即便是太阳出来，偶尔也会有阴天的时候。但即使是天阴了下来，太阳毕竟还是太阳。人也一样，即使是在经受痛苦的时候，内心里也不能失去光辉。

"无名英雄"创立了学会

——有一位高中生，家里是只有母亲和未成年孩子的所谓母子家庭。妈妈因更年期障碍而行动不便，姐姐又因病住了院，虽然有亲戚，但住得远而无法帮忙。在如此艰难的情况下，他仍然能在学长的鼓励下，每天不仅操持家务、照看姐姐，还坚持用功读书。

池田 真了不起呀！他比别人多吃苦，等于是率先攀越了人生的高峰。这样的人才能成为"21世纪的领导者"。

另外，我要在此向鼓励和照顾那位高中生克服困难，渡过难关的学长致以最高的赞赏和最大的敬意。

那些在幕后默默地支持和帮助担负着未来的青少年的各位前辈，要比任何名人、任何地位显赫的人都要值得尊敬。

希望你们各位高中生也能尊敬这些前辈们。

创价学会是一个互助共勉的团体，有的时候，首先为他人、为朋友而着想更胜过为自己。学会就是这样一些人创立起来的。这些前辈们、父母们，或许看起来似乎有些愚直，但正是他们这些人，为别人、为社会、为和平，开展了几十年的活动，这才成就了今天这样世界性的创价学会。

对于这样的无名英雄，日莲大圣人称之为"菩萨"而加以赞赏。

在社会上取得成功，赢得好名声，这作为一种现象无疑是件好事。然而，即使默默无闻，也能为他人而鞠躬尽瘁，这样的人生才是令人尊敬的。自己能够把自己造就成一个能说出"虽然没有人表扬我，但我自己很满足"这样一句话来的人，那才是真正的胜利者。我希望大家成为一个能看清这一"本质"的人。

无论现在如何，人生的胜负最终取决于他的一生

"我为什么生长在这样的家庭呢？"

——有人抱怨说"父亲（或母亲）离家出走了"；还有的人虽然父母在身边，但也有抱怨："他们根本不爱我，整天只顾自己。"

池田　我想，每个家庭都有各自不同的情况，都会有旁人无法得知的难言苦衷。

但有一点，无论再怎么不好，父母毕竟还是父母。如果没有父母，就不可能有自己的存在。我们必须理解到：仅此一点，其意义就非同寻常。

也许有人会想："自己为什么出生在这样的家庭里呢？""为什么自己的父母不像别人家的那么和蔼可亲呢？""为什么不能住在更好的房子里，有更好的家人呢？""这样的家，真恨不得早日离开！"可是，自己出生在这个地球上、这个地方、这个家庭，而不是出生在别的任何一个家庭，这本身其实就包含有"所有一切的意义"。

佛法没有偶然，一切都自有其因缘和意义。因此，我们应该相信：自己是被赐予了"所有一切的财宝"。

再怎么痛苦都好，自己现在正"活着"。再没有比生命更宝贵的东西了。更何况各位还年轻，拥有年轻的生命这一宇宙

间最珍贵的财宝，绝不应该自暴自弃。

——"自己要成为太阳"……为此，我们应该怎么做呢？

池田　这并不是什么特别的事。最关键的是要保持自己的风格，做好自己，哪怕是每天一点点也好。

正如太阳每天都要升起，母亲每天都要给我们做饭一样，我们每天都要精神抖擞地去努力，去学习，去上学。保持这样一种精神状态非常重要。这里面实际上存在一个很重要的教育问题。

放弃自己该做的事就是失败，所以绝不能轻言放弃。太阳每天都在升起，无论阴天也好，暴风雨天也好，无论冬天还是夏天，太阳都在日复一日地升起。这是宇宙的法则，是道理。人生也是如此，每天都要努力好好活下去，这就是道理。能经得起、耐得住每天这种反反复复的人就会胜利。无论现在如何，人生的胜负取决于人的一生。棒球也是这样，打完第九局后才能定出胜负。任何事情都一样，最终的胜负不到最后是难以预料的，绝不可能是一开始就决定输赢。英语里也有一句这样的谚语："最后笑的人笑得最好！（He laughs best who laughs last）"

不要依赖别人，也不要把责任推卸给别人

池田　所以，应该一边经受痛苦，一边一步步地奋勇前进。在此我想提一提自己在执笔写《我的人生观》（收录于《池田大作全集》第 18 卷）时的一段经历。

那是昭和四十五年（1970 年），当时学会正处于"被敌攻击的暴风雨"之中，我自己也因患上了肺炎，经受着 38°、39°的高烧折磨。但就在如此状态下，无论发生什么事，我都坚持不懈地每天写稿。头上缠绑着降温冰枕，一页一页地坚持写下去。

当时有人问我："都这么难受了，为什么还要写稿呢?"我回答说："写一页是一页，写两页就得两页，可如果不写的话就什么都没有。哪怕是前进一点点也好，每天应该有所前进、有所挑战，每天总得完成点什么才好呀。"就这样，我写一页就画一笔，写两页就再添一笔，以画"正"字来做记录。那一段特殊而艰难的写稿经历至今令人难忘呀。那张记录了"正"字的纸，已经作为传家宝交给了我的长子。

总而言之，就是要"不服输"，要"自强"。不要有依赖他人的恶习，不能总是卑怯、懦弱地把责任推卸给别人。如果总是一味地怨恨、嫉妒别人，只顾自怜自艾，那就等于是被乌云遮蔽了的太阳一样。

无论有什么烦恼，都把它当作蓄力而发的"弹簧"，沉着忍耐，以一种"等着瞧吧，有朝一日……"的心态来勉励自己，朝着自己要走下去的轨道默默地、坚忍不拔地向前迈进。

你就是"太阳"。自己就是"太阳"。首先，要坚信这一点。

只要自己是太阳，则无论现在有什么样的烦恼，"早晨"一定会到来，"晴朗的"日子一定会到来，"春天"也一定会到来。

青春的挑战、青春的建设

现在是建设时期，要奠定一生的基础

——《青春对话》获得了来自全国各地的极大反响。高中生们自然就不用说了，从他们的父母亲那里，也传来了一片叫好声。

池田 真令人高兴呀。我还要继续不断地谈下去，作为我的遗言，向高中生的各位道尽我心里的话。我要把真实的话毫无保留地告诉大家。

我希望能从各位当中走出一位我真正的接班人来。我想要培养的是能为受苦的人而尽力、为使人类幸福而鞠躬尽瘁的人。

迄今为止所培养的人，既有好不容易培养成政治家了却最终沦为恶人的，也不乏一些好不容易培养成律师了却反过来危害社会的。这些人都是为了满足自己丑陋的私欲，一旦把名声、地位弄到手后就倒戈背叛。他们辜负了蒙受过大恩的学会，辜负了我，背叛了民众，也背叛了自己的誓言，自甘堕落下去。由于学会太纯洁、太伟大了，他们想利用这一点，把学会占为己有。

这样的人在释尊时代也有，在日莲大圣人的时代也一样。

其实，无论在哪里，或多或少都会有这样的人吧。大家今后说不定也会遇到不好的前辈或失去信用的人。

要严正地对这些人加以斥责，要努力使自己的实力超越他们。希望大家绝对不要辜负和背叛广大民众，毅然地站在不幸的人们这一边。为此，现在就要好好锻炼自己，现在就要奠定将来能够充分施展才华、大展拳脚的坚实基础。

人生的出发点基本上都在十几岁

池田　凡事都有个"时机"。青春时代就是建设的时期，是决定人的一生轨道的重大时期，因此很重要。

如今，活跃在各个领域的你们的前辈们，他们大多数的人生出发点也都是在十几岁。这些例子有上万甚至几十万，多得不胜枚举。其中就有一位在墨西哥成为公认会计师的。最近收到他的来信，经他本人的同意，在此想向各位介绍一下：

"我大学一毕业就赴墨西哥，如今已将满 25 年。当初离开日本的时候，曾与父母一起直接受到先生您的鼓励，并有幸获授了如下三项指针：——要成为有毅力的人。——要成为努力的人。——绝不可漫无目标、漂浮不定。这三指针对于我来说，是一辈子的、永远的指针。"

他在高中的时候就下决心"将来一定要雄飞世界"。在大学里用心刻苦地学习了西班牙语。有一次为访日的西班牙 SGI（国际创价学会）会员做翻译，后来以此为契机，于 1971 年赴墨西哥留学去了。

到了当地，才发现过去所学的西班牙语根本不能用。于是他一边从事往大卡车上装卸货物的搬运工作，一边在晚上6点开始去当地的小学重新学习西班牙语。1974年考上了墨西哥国立自治大学，边打工边读书。由于实在太艰苦，所以曾经一度想放弃学业。但是，最终还是不断勉励自己"要成为有毅力的人""成为努力的人"而坚忍不拔地坚持了下来。后来还闯过了一个个难关，克服了重重困难，成为日本人当中唯一一个墨西哥注册会计师。

现在，他一边在世界性的会计事务所工作，一边承担着作为日本与墨西哥之间的友好桥梁的任务，据说还受邀参加过由总统主办的交流活动。

真令人感到欣慰。他的人生出发点就是在高中时代。所以说，高中时代立下的志向还是很重要呀。

"与现实之间的距离太大了……"

——有许多人认为"理想倒是挺远大的，但与现实之间的距离太大了……"。

池田 那也没关系呀。户田先生就曾经说过："对青年而言，理想过于远大才正好。人的一生能实现的，往往只是自己原来梦想的几分之一而已。如果一开始理想就太小的话，终将一事无成。"

当然，假如不做任何努力，则梦想永远只停留于梦想。

连接梦想与现实之间的桥梁，那就是"努力"。努力的人往往会涌现出希望来，希望是努力的产物。胸怀远大理想，尽最大的努力去跑、去挑战，这就是青春。

按照自己的意愿，自由奔放地前进

何谓"大志"？

——现在的高中生，似乎有很许多人并不太追求什么"远大的理想"，而只希望"像一般人一样结婚，组织一个幸福的家庭"，"将来要做什么还不清楚，只想成为一个心地善良的人"。

池田　这完全是个人的自由。一切都应该由自己来决定。

明治初期，在札幌农业学校执教的克拉克（注1）博士有一句名言："少年啊，要胸怀大志！"（Boys，be ambitious！）我想，博士的意思显然并不是要年轻人只求出人头地或成为伟人，而是呼吁大家要"活出精彩人生，活得自由奔放"。

不要过碌碌无为的平庸生活。作为一个人，要看他能在社会上活跃到什么程度？能为更多的人做出多大的贡献？能留下什么有意义的东西？也就是说，应该要度过一个充实的、令自己满意的人生。我感觉，博士对年轻人的希望里包含有这样一层意思。

因此，要锻炼自己，要坚强起来，要加强建设。追求"幸福家庭"没错，但幸福绝不是别人给予我们的，只有自己坚强起来，才能获得相应的幸福。

说到"想成为心地善良的人"，若是不够坚强，是很难做到真正的心地善良的。我不希望大家变成肤浅的人，也不希望大家变成以貌取人的人。

希望大家成为心胸宽广、胸怀大志的人。不要沉溺于成绩、电子游戏、玩乐等"眼前小事"。确立好自己未来的目标和理想，满怀着希望向前迈进。我希望大家能体会到这种人生的喜悦。

没有人生目标

——有些人对未来也没有明确的期望，觉得自己"没什么明确的人生目标"。

池田 即便如此，也应该做点什么。昔日的有名田径选手扎托佩克[注2]，在每天上班的路上也要锻炼自己。

他屏住呼吸，看看自己憋着气能坚持多远？以沿途的白杨树为标记，"今天能到第四棵树"，"这次能坚持到第五棵"，就这样通过锻炼逐渐逐渐地拉长距离。尽管很辛苦，有时候甚至会危险到差点昏死过去，但他就这样不断坚持挑战，以增强自己的能力。（参见 F.R. 科基克《扎托佩克——胜利的人间记录》，南井庆二译，朝日新闻社）

所以说，重要的是要做点什么，一定要开始着手做点事情。在不断努力的过程当中，目标就会逐渐明确起来，这世上唯有自己才能完成的使命也会逐渐清晰起来。

　　比如说，在某一个自己喜欢的领域、自己感兴趣的事情方面去尽情发挥自己所长，这一点也很重要。例如数学、英语很优秀、体育很擅长，或者社团活动、交友联谊活动、义工活动方面能力很强等等，总之，要有一项自己能引以为豪的、有能力可以挑战的事情。

　　另外，有时候有些事是当局者迷而旁观者清，周围的人要比自己清楚得多，如果能鼓起勇气来多找别人咨询和商量，往往会茅塞顿开，取得意想不到的收获。

　　没有目标的人是比不上有目标的人的。人有了目标，则会不断地努力去进行自我建设。青春的挑战，就是"建设自己"，实际上就是"锻炼精神""锻炼头脑""锻炼身体"的挑战。

没有基础，将无法建造大楼

　　池田　凡事都要打好基础。如果没有基础，任何房子、任何大楼都是无法建造起来的。人生也是如此。而要建设好人生的基础，就在于青春时代。

　　罗曼·罗兰 ^{（注3）} 曾经说过："金字塔不是从塔顶开始建造的。"佛典中也讲过一个富豪的故事。他看到别人家盖的三层楼很漂亮，羡慕不已，于是请来了建筑工人，要求他帮自己建造一栋同样的高楼。

　　工人应承了下来，先开始打好地基，然后依次建造一楼、二楼，最后终于开始要建三楼了。

可是，愚昧的富豪看到了却很不耐烦地说："我想要的不是地基，也不是一楼、二楼，我只想要第三层的高楼。快给我盖三楼好了。"

这听起来似乎是个笑话，但在人生当中犯同样错误的人还真不少呢。

忍耐！能"再多坚持五分钟"的人将最终取胜

下了决心却无法持之以恒

——有些人尽管立下决心要"努力奋斗"，但总是无法坚持下去。

池田 没关系。大多数人都是这样的。（笑）即便如此，"立下决心"本身就是向前迈进了的证明。即使是"三天打鱼两天晒网"也好，多重复几次就行。能三番五次地不断下决心的人，就是有耐力而坚韧不拔的人。

另外，能"再多坚持五分钟"很重要。当你想停下来、想玩乐的时候，要"再多坚持五分钟"。能比别人多努力五分钟的人是了不起的。这种人将会最终取胜。这就是人生。

脑子越用越聪明

——"自己脑子不够聪明，将来不可能有什么大出息。"这样想的人似乎不少呢。

池田 我曾经请教过户田先生："脑子聪不聪明差别到底

有多大？"只见户田先生拿起身边的毛笔，沾上墨汁在纸上画了一条线，说道："只有这条线的上下之别。"

其实，大家都一样拥有聪明才智，差别不是很大，关键是做出了多少"努力"。一切取决于这两个字。他的这席话我至今难忘。

据说，人在一生当中，使用的脑细胞最多只有一半。其中，还有的学者认为最多只用了不到百分之十。也就是说，人们谁都没有充分地运用大脑。另外还有人说，人的大脑直到20岁为止都属于成长期。从这个意义上来说，人在20岁之前对脑力的锻炼程度决定了人的一生。

当然，成绩并不能决定人生，与人的一生是否幸福也并不挂钩。只不过，如果能做到不让父母脸色难看，不至于被朋友瞧不起，不至于在结婚时因为被自己的太太或丈夫看到了成绩单后愕然不已而闹离婚就最好了。（笑）

总之，不可妄自菲薄，不可自己看死自己。人的可能性是不可思议的。如果认定自己很愚蠢，脑子会真的变得很不灵光。因此，一定要确信"自己的大脑基本上还没怎么使用，还在沉睡着。只要努力，没有做不成的事"。因为事实的确如此。

头脑是越用越发达的，只要不懈地努力，青年人没有什么办不成的。

千万不可自暴自弃

——曾经有人对我说"反正我是不行的了"，"自己已经没什么指望了"。还有人因为各种各样的原因"酿成了一生都无法挽回的大错"，正独自深陷于苦恼之中。

池田　其实青春时代绝没有什么无可挽回的事，反倒是因为害怕失败而不去挑战，或者自暴自弃，这才是青春时代的失败。

过去是过去，未来是未来。应该时常以一种"从今天开始""从今后开始""从今天起""从这一瞬间开始"的精神来面向未来，不断前进。这是日莲大圣人的"本因妙"（注4）佛法的真髓。

人生不到40、50是难分胜负的。如今（1996年）我年近70了，回顾过去，我对人世间的成败已是一目了然。

绝不可因眼前一时的挫折而感到绝望或着急。即便是有后悔、有烦恼、有失败，未来毕竟是很长远的。每一次小挫折都一蹶不振，动不动就要自暴自弃，大家绝不应该成为如此浅薄而庸俗的人。

我们看看那些名留青史的著名人物就可以知道，青春是有各式各样的。如英国的政治家丘吉尔（注5）是个"常年留级生"。甘地（注6）求学时是个非常不起眼的平凡学生，腼腆而胆小，不善言辞。爱因斯坦（注7）是个成绩很差的劣等生，仅有数学一科出类拔萃。发现X光线的伦琴（注8）则曾经因帮犯错的同学背黑锅而受过工业学校的退学处分。

那么，他们的青春有何共通之处呢？那就是"不自暴自弃"。那些成绩不好的人，受人欺负的人，遭人背叛、遇到挫折、因病或经济困难而深陷苦境的人，越是吃过苦头，就越能理解别人的心情，越能体会人生的深奥和艰辛。因此，绝不能轻易认输、放弃。只要不放弃，所经受过的苦难必将会开花结果。

人生取决于最后的几年

池田　一定要爱惜自己。那些被社会上的差别意识、轻薄的风气或矛盾所左右的人是不幸的。要记住，一定要坚持以自己的生活方式活下去。

户田先生曾严肃地指出过："人生的成败，取决于最后几年所拥有的幸福感。"少年时的一帆风顺并不算什么，而年轻时的失败都可以挽回。小学时不行就看中学，初中时不行就看高中，高中时还不行的话就看大学，大学再不行就等出到社会后再说。若是出到社会后遭受了挫折，还可以勉励自己等到40、50、70后再发奋，要一直这样胸怀大志地努力下去。如果今生不行就看来世，能如此达观地看待永远的生命，这就是佛法。佛法就是至高无上的大志。

即使你们自己都认为自己不行，我也不这么认为。我从不怀疑，你们每一位都是背负使命而来。无论谁瞧不起你们，我都会尊敬你们，相信你们。无论现在如何，我坚信大家定能开启美好的未来。

即使跌倒了，每次再重新站起来就行。只要站起来，就可以继续向前进。你们还年轻，还处于建设阶段，还在奋斗、挑战。现在，才刚刚开始。现在就开始着手行动。

"了不起的人"，就是"人格闪光"的人

有能使大脑变聪明的药吗？

池田 我在与美国的波林（注9）博士会谈时曾经问过他："有没有能使大脑变聪明的药呢？"被我这么一问，就连博学的博士一时间也一脸困惑。（笑）

——作为提出"维他命C健康法"而闻名于世、曾获得两项诺贝尔奖（化学奖、和平奖）的博士，他会不会有什么好答案呢？

池田 是呀。所以我拜托他说："维他命C的效果已经广为人知了，为了全人类，这回能不能发明'使大脑变聪明的药'呢？"

博士想了一想之后说："这还是很困难的。"

当听到我说"那可真是遗憾"的时候，他说："看来还只能靠自己的努力吧。自己多动脑筋，多绞尽脑汁地去不断折磨、使用它，它一定会变得聪明起来的。"

我当时就回答说："我也觉得博士您说得对。"

如果真有了"使脑子变聪明的药"，那就会像麻药一样了。个个都将会变得不努力，这样一来，人类社会将会衰退下去。

没有经历过卧薪尝胆，就无法形成完整的人格。人格的

形成决定于其自己的亲身历练，取决于其付出了多少努力，经受过多少烦恼和痛苦。越经过磨炼则其光辉越闪亮耀眼，就如同钻石一样。

所以说，只有依照自己的风格，多加强自身锻炼，多吃苦，除此别无他法。

（波林博士与池田名誉会长出版有对谈集《探求"生命的世纪"》，收录于《池田大作全集》第 14 卷）

伟大的人往往都很谦虚

池田　波林博士是个人格高尚的人。他是那么有名的世界级人物，却总是笑眯眯的，没有一点傲慢之气。

——第一次会谈（1987 年 2 月）的时候，也是他专程从旧金山乘飞机抵达创价大学洛杉矶分校（当时）来见池田先生您的吧？

"有能谈论和平的人，无论他在哪里，我都会前去的。"博士专门赶到距离千里之外的创价大学来，可真不容易呀。由此也可见他对池田先生您的无限信赖。

池田　伟大的人往往总是很谦虚，而傲慢、摆架子往往是无能的证据。迄今为止我见过世界各国的领导者已达数百名，其中有很多都是德才兼备的人。他们不是自私自利，而是抱有一种"为人类做出贡献"的强烈愿望和坚强信念，其精神犹如宝剑般光芒闪耀。

波林博士在美国与苏联^{（注 10）}冷战最激烈的时刻，却大声呼吁"和苏联也要建立友好关系"。因主张"反对所有核武器"而被美国视为亲苏派人士，而在苏联却又被看作是美国的帮凶，甚至还遭受了来自美国政府的种种迫害。

尽管如此，博士依然是立场坚定、义正词严地表明："我们的敌人既不是美国，也不是苏联。战争才是我们人类真正的敌人。"这就是那场在日本发表的、著名的"No more war"演讲。（1959 年 8 月 13 日于千代田公会堂。参看《朝日新闻》14 日早报）

当时，博士是为了参加在广岛举办的反核集会而来到日本的。

——多么伟大的情操和气概呀！看似理所当然，但要公开站出来大声疾呼，这得需要多大的勇气呀！

池田 勇于做"理所当然的事"，这才是最重要的。正因为很多理所当然的事实际上并没有做好，人类社会才会变得如此反常而荒唐。

有一位著名人士曾经质疑过："在战争中赢得胜利者的铜像有很多，因反对战争而被杀害或被投入监狱者的铜像为何却少得如此可怜？"

这就是人类社会的荒唐之处，是历史的重大错误。

这让人不禁想起另一句名言："杀死一个人是杀人犯，杀死百万人却可被视为英雄。"

要识破假象！活在实像中的人才是幸福的

切勿被外在表象所迷惑

——到底什么人才是真正的伟人呢？这实在是太难分辨了。

池田　往往有些看似优秀的人却会有愚蠢的一面。比如说，社会上一般人都认为地位崇高的人很幸福，有名的人都很伟大，有财产的人品格都很优秀。其实，这全都是人们愚蠢的错觉。

究竟谁是幸福的人？谁是品格高尚的人？谁又是天地公认的"正人君子"？这很复杂，与外在表象毫无关系。

——据说在日本高中生心目中的理想人物，第一是运动选手，第二是漫画、动画片的主人公，第三是影视明星和歌星（据《日本经济新闻》1996 年 6 月 16 日早报）。令人深感传媒的影响力之大呀。

池田　这也反映了时代的一个方面，并不能完全否定。"言论自由"是人类以血泪换来的无价之宝。可是，也正因为如此，大家才更应该敏锐地分辨清楚什么才是"真实"。

"真实"这个东西仅凭文字是难以分辨出来的。文字既可以把坏人写成好人，也可以将好人写成坏人。

文字还可以把坏的时代写成好的时代，捏造历史。因此，仅凭文字、传媒是不可能了解真实的。相信虚构出来的"假象"并受其左右，是人类社会的一大不幸。

佛法的眼界就不一样，讲究以法眼、佛眼来看人。说得浅显易懂一点，那就是实事求是地看待人的生命的本质、内在的境遇及内心世界。即便在社会上或传媒上名气不大，与人生的幸福也毫无关系。只有忠实于原本的自己，活得真实的人，才是尊贵的人生。

最了解自己的，是我们自己本人。而旁人往往总是带着情感或嫉妒的眼光来看我们，他们是不可能真正了解的。因此，重要的是以佛法的眼界来审视自己，选择适合自己的生活态度和方式。要一边审视并思考"生而为人的自己究竟应该如何生存？"一边忠实于自己地活下去。千万不要被一些诸如"那人真神气""那人是个大名人"等一类的假象所左右，变成一个迷失了自我的浅薄之人。

户田先生就曾经说过："所谓青年的力量，就如同在海边赤裸着身体比赛摔跤以定强弱一样。凭借名誉、地位等武器来较量并不算实力。""要看他作为一个人究竟具备多少实力？究竟有没有为他人做贡献的决心和毅力。"

"为什么目的而学？"

——当今日本的价值观，似乎只要能考上"名校"，进入"一流公司"就是一切，什么"人品"啦、"为人之道"啦，几乎没人去考虑。

这种经济至上主义的取向，导致日本被世人说成是"经济动物"和"向钱看的日本"呢。

池田 可是，这样在世界上是行不通的，只会被人瞧不起。

有一则挺著名的轶事。有一位日本商人到了南太平洋的小岛，看到少年们悠闲地在沙滩上躺着。

商人就对他们说："大白天的别在这游手好闲的，赶快去上学念书吧。"

于是少年们问他："为什么非得要上学不可呢？"

他回答说："到学校去好好学习，可以争取拿到好成绩。"

少年们又问："拿到了好成绩又怎样？"

"成绩好不就可以考上好的大学吗？"

"上了好的大学又怎样？"

"在知名的大学毕了业，就可以进入好的公司，还可以就职于好的政府机关部门，薪水高，说不定还可以有好的婚姻。"

"然后呢？"

"就可以住在舒适的家里，过着快乐的生活。"

"那接下来呢？"

"接下来就好好地工作直到退休。还可以把孩子送上好的名校。"

"那在这之后呢？"

"那就可以找个温暖的地方，每天享受悠闲自在的生活呀。"

少年们听了之后说："若是这样的话，没必要等那么久呀，我们现在就在享受着悠闲自在的人生呀。"（笑）

也就是说，人生的目的如果只是为了"过舒适的日子"的话，那既不需要什么学历，也没必要整天忙忙碌碌地去学习了。

那么，究竟为什么目的而学？人为什么而活着？钱的作用何在呢？考上好的学校，进入一流的公司，这样一味拼命地往前追求下去，也并非凭此就能获得幸福。若只是为了安乐的生活，并不一定非要吃这些苦不可。

其实，学习的真正目的并不是为了考上有名的大学，而在于充实自己的头脑和心灵，使自己成为学识渊博的人，在世间留下"生存过的证明"。

我们应该完成自己所担负的使命，要为不幸的人们效力。为了做到这一点，我们需要有"力量"，有"人格"。所以说，"付出了努力，将使人获益"。

"吃苦受累会吃亏"？

——有人认为"只要现在快乐就好"，也有人说"吃苦受累会吃亏"。

池田 的确，免去不必要的辛苦也许是对的。可是，没有经历过吃苦受累的过程，如何能体会得到"我自己亲自做过"这样一种喜悦呢？

在我青春时代的友人当中，有一位优秀得令周围的人羡慕不已的人物。可是前些日子从一位朋友的来信中得知，他"由于生病以及家庭矛盾的原因，一生过得很悲惨，犹如活在人间地狱一般"。真让我大吃一惊。

为什么会这样呢？我想，也许是由于年轻时太受宠爱，既没有吃过苦，也不知人生的艰难，不会奋斗，总以为任何事情都会如愿以偿，而忘记了，或者说回避了对自己的锻炼的缘故吧。

时代已从学历社会转向实力社会、人道社会

没办法上学、不想再念书

——有人因为"怎么也无法适应学校""因病要在家休养"而没有上学，还有的人干脆辍学不读了呢。

池田　由于生病等各种各样的原因而没办法上学的人应该也不少吧。不过，以漫长的人生来看，这些不利因素绝对不见得就是徒劳无用的。别人是别人，自己是自己。

只要按自己的步伐前进就行，哪怕是一步两步也好。不必在意周围的杂音，能坚忍不拔地生存下去者就是胜利。中途放弃是不行的，只要不灰心气馁，一直坚持奋斗下去，就必定会有人守护自己。

绝不能丧失希望。在漫漫的人生长河里，有两三年不能上学并不是什么大不了的事。

另外，可能还有因各种各样的原因而中途休学的人吧。作为我来说，我还是希望大家能读完高中，如果可能的话，最好能读完大学。接受函授教育或读专科学校也都可以。还可以

通过大学资格检定^(注11)考试。

不过，在现实当中，我想也会有一些怎么都做不到这一点的人。我认识的一名高中生，就因为讨厌上学而找了一份自己喜欢的工作，至今仍然在努力着并深受上司的器重。

有很多人，就是在所谓"自己的行当"里感受到了人生的价值而为之努力奋斗的。我认为这样就挺好。从大势来看，时代已经从迄今为止的"学历社会"转向"实力社会"，又从"实力社会"转向"人道社会"了。

我的恩师还曾经说过："并不是环境条件都具备了才可以学习，即使在电车里、在洗手间里，也可以成为学习的教室。"

重要的是，要培养"实力"，要不断地磨炼好一颗为人奉献之"心"。

磨砺自己的宝剑，立下"我将以此迎战"的决心

池田 "我一定要取得最后的胜利"，能拥有如此决心的人是坚强的。人类自古以来，每个人自身都拥有一把唯自己所用的"宝剑"，人们用这把宝剑来除恶护善。为了正义，不断磨砺她。只要拥有了这把剑，则一生必胜不败。我们每个人自己都拥有这样一把不可思议的剑。

这把剑，实际上就是我们自己的心，是我们自己的决心。

佛法上，也把坚信妙法的"坚强信念"称为佛界。剑，不拔则不胜，不磨则生锈。终生不磨、不拔自身之剑的人，就等于是终日在小心翼翼、战战兢兢中度过人生。剑是心，是人

格。而所谓磨剑，则是学习，是友情，是锻炼。

遭受迫害的人才是伟大的

池田　伤人之剑乃邪剑，救人之剑方为宝剑。

我曾经两度（1990 年 10 月、1995 年 7 月）会见过南非共和国总统曼德拉^(注12)。他是一位遭受了长达 27 年半（1 万天）的牢狱煎熬，最终破除了残酷的种族隔离制度的"人权的基督山伯爵"。

在漫长的岁月中，曾经一直存在着严重的种族歧视现象。对于黑人来说，乘坐白人专用的巴士是犯罪，使用白人专用的饮水处、在白人专用的海岸上步行是犯罪，晚上 11 点钟以后仍在外面的也是犯罪，甚至失业，或在某个特定区域居住也都是犯罪。

一句话，黑人从来就没有被当作"人"来看待。曼德拉在其所到之处，目睹了白人对黑人的种种侮辱，并切身体会到了何止几百次的屈辱。

"这是什么世道？""大家都是人，绝对不能容许这种对人的区别对待！"这发自内心的正义的愤怒，就成为曼德拉的"宝剑"。

"我一定要改变这疯狂的世界！"他挺身而出、毅然奋起，甚至在地狱般的监牢里也不屈不挠地坚持奋斗，最后终于打破了 17 世纪以来一直存续下来的种族歧视。

遭受迫害的人是伟大的。长期以来一直被蔑视、被践踏的曼德拉总统，现在受到了全世界人们的尊敬。

"大家的成长和活跃就是我的胜利"

——我们会坚韧不拔地奋斗下去，要把随意践踏人权的日本改变过来。

池田　我不相信嘴上说的，我只看行动。

刚才提到有很多人以运动选手为偶像对吧？有位著名的重量级拳击冠军叫杰克·丹普西(注13)。

——那是一位传说中的猛击拳手呢。

池田　据说他之所以立志要成为拳击选手，就是因为看到母亲被一位列车乘务员欺负了。

在他8岁的时候，曾经和母亲一起乘坐火车。当时的母亲正生着病。因为她只带了自己的车票钱，乘务员就对她说如果不买孩子的票就把他们赶下车。母亲再三央求说因为有病希望能通融一下，但却被厉声训斥说：规则就是规则。

这时候，好像有一位实在看不过眼的好心人帮了他们。少年杰克当时就发誓："等我长大以后，绝不再让母亲受这样的屈辱。"后来经过艰苦而严格的训练，他终于成为"世界最强的人"。（参照杰克·丹普西《拳圣丹普西的生涯》，田忠昌太郎译，棒球杂志社）

这也可以说就是他自己的"剑"。他把"剑"锻炼到了极致。

拥有正义之"宝剑"的人，他一生都会得到天下人的守护。而手持"邪剑"的人，则往往一定会被地狱的锁链所羁绊。

我把大家在各种舞台上的活跃看作是自己的胜利。你们能够成长为了不起的人，能充分地活跃在各个地区、社会乃至世界的舞台上，充分地发光发热，这就是我的喜悦。

在这过程当中，无论遭到怎样的无端责难，我都不会放在眼里。

磨炼好"自己的宝剑"！鼓起"我一定会胜利"的决心而奋起吧！

我为你们寄予万般期望，为你们加油鼓劲。

青春的友情、青春的人生观

友情决定于"自己的生活态度"

池田 这次的主题是"友情"对吧？这是个大问题。

过去曾经有人说过："男人如果拥有朋友，那就如同富翁一样。所以说，我是富有的。"女性应该也是一样的吧。

"友情使喜悦倍增，而使悲伤减半"

池田 只要拥有一位好友，则人生的喜悦会变成两倍。这可真是"富有的人"。"友情使人的喜悦倍增，而使悲伤减半"，席勒^{（注14）}的这句名言，至今仍是不变的真理。

问题是，"我们如何才能建立起这样的友情？"我们无法自己选择父母，但朋友是可以自己选择的，所以说，这是件很重要的大事。

——是呀。关于朋友之间的相处方面，烦恼还是挺大的呢。有人因为"学校里有朋友，所以感到上学很愉快"。也有人说："朋友倒是有，但没有可以敞开心扉的知心朋友。"还有的人，对朋友所怀的是这样一种心情："朋友是竞争对手。每当看到朋友在用功学习，总会觉得很焦虑。"

另外，"一直很要好的朋友，突然变得冷淡起来了""被朋友背叛了""遭到朋友的冷落，心里非常难受"等一类的烦恼也很多。

池田 青春的心，就像温度计一样敏感。有时候会觉得世上一切都那么美好，但不一会儿却有可能会觉得"再没有比自己更没用的人了"而变得情绪一落千丈。这原本就是青春的特质，没必要太在意。

重要的是，无论有什么样的苦难，都不能气馁、认输，而要顽强地坚持活下去。有时候会因为朋友的问题、恋爱的问题，或遭遇了交通事故、父母生病等令人悲伤的事故而感到眼前一片黑暗，可事后想来，这一切都会像做了一场梦似的。

我自己在战后也曾经一度感到非常迷惘：今后到底会怎样？究竟能否活得下去？感到前途一片黑暗。可是，我顽强地活了下来，于是有了今天的自己。如今看来，那时候的艰辛就像是经历了一场梦。

无论遭遇什么样的艰难困苦，只要锲而不舍，不断地一直向前，则一切都会像梦一般消失而去。这是个大前提。因此，我们一定要乐观、豁达地活下去。就让我们在这样一个前提下来讨论友情吧。

大地震＝困难增强了友情

——好呀。说到"眼前一片黑暗"，那次阪神·淡路大地震[注15]的时候就是这样，有很多人都痛失了亲人。

不过，那次经历让大家学到了一点，那就是"在最艰难的时候，没有比朋友更可贵的了"。还有的人事后都下决心"为了去世的朋友要更加坚强地活下去"。

关西创价学园有一位教师感慨良多地说："大地震这个危难，增强了同辈间的友谊，强化了前辈、后辈之间的联系纽带。"有一位今年（1996 年）3 月份毕业的关西创价高中毕业生，家里（位于神户市须磨区）的房子全部倒塌了。他告诉我说："在最困难的时候，给我鼓励的是学园创办人池田先生和学园的友人。"他还说："那时候，我切身感受到了来自朋友们的那种患难与共、共渡难关的温暖友情，感觉朋友之间的联系纽带更加紧密了。"

另外，有一位住在神户中央区的女子高中部的同学也说，她深刻体会到自己身后"有很多人的鼓励和支持"，"打心底里痛感朋友的弥足珍贵。这种珍贵友情虽然肉眼看不见，但对我们来说却像不可缺少的空气一样"。并从此下定决心，"今后也要'像空气'一样去鼓励和支持所遇到的所有朋友"。

池田 说得真好！空气是看不见的，心也看不见。但在看不见的内心深处，有喜有愁，有美有丑，有明有暗。

将看不见的心与心联结在一起的，就是友情。这种关系既不是利害关系，也不计较地位、得失，不是表面上的交往，而是一种真正的人与人之间的真心交流关系。

人生中最美、最强、最尊贵的，就是友情。友情就是你们的财产。无论你再怎么了不起，再怎么有钱，没有朋友的人生，那是寂寞的、冷清的，最终只会成为孤独而偏颇的人生。尤其是青春时代的友情，世上再没有比她更尊贵、更美好的了。

长大成人后的交友，很多场合都存在着利害关系和得失的权衡，往往容易变成逢场作戏，而高中时代则不会有这一类多余的盘算。

在浩瀚宇宙中的小小地球上，能共同出生于同一个时代。而且在茫茫 50 亿人口（截至 1996 年止）当中，无须太多语言就能心领神会而不用相互戒备。这样一种纯洁无瑕的关系，可不是那么容易得到的。此时此刻能够在同一学校里一起学习，仅这一点就是个很深的缘分。

在这些人当中，应该会有让自己感觉到"是真正的朋友"的人吧？如果找到这样的朋友，就希望大家好好地珍惜。那些暂时还没有找到可以称为"挚友"的人，也用不着着急。可以把这看作是为了将来能够获得最好的"挚友"而暂时"虚位以待"。现在只需要把自己磨炼好就行。有些人，将来可能还会在世界上结交到好的"挚友"。

总而言之，友情取决于自己，而不在于对方，关键看自己是怎样的人生态度。

朋友交往不应该是有福时同享，遇难时则各奔东西。自己首先应该一以贯之，保持友情一生不变。

到了毕业分别的时候，还可以对对方说："我一辈子都不会忘记你的。今后无论有什么事都记得找我商量，我有事也一定会找你的。"希望大家都能拥有这样一种宽大的胸襟。

即使被人背叛，自己也不要背叛别人

"突然被朋友冷落了"

——"保持对朋友的情谊不变"，要做到这一点可相当不容易呀。

特别是在"自己都不知道怎么回事，莫名其妙地就被冷落了"的时候，应该怎么办好呢？

池田　本来，能鼓起勇气向对方问清楚原委最好。有很多时候，出人意料的是，对方其实并无此意。实际上，由于自己害怕受伤不敢问而就此疏远朋友，使得对方心里也很难过，如此事例也委实不少。

人际关系就好比一面"镜子"一样，当自己觉得"如果对方能再稍微对我好一点，我就会什么都跟他说了呀"；对方说不定也正在想："如果他能对我再坦白一点的话，我就会对他更亲切一些的呀。"而这种情况是很多的。

所以，我们应该"主动跟对方说话"。如果做到了这一点，仍然遭到对方冷遇的话，那么作为一个人来说，真正可悲的是对方而不是自己。

人心有时候实在很难预料，有时候它会发生变化。遇到这种时候该怎么办呢？应该坚持"即使他人负我，我亦永不负人"。

自己受人冷落，也不能去冷落他人。自己被人背叛，也不要去背叛他人。背叛别人的人是可悲的，就好似用大铁钉钉在自己的心上一样，而他自己本人是很难察觉的。

祝愿朋友的幸福，像太阳一样为朋友送去光芒

越是有过痛苦经历的人越能够体谅人

——"主动跟别人打招呼"的人，的确比较容易结交上朋友。虽然有时候也许会遭遇到冷落……

池田　我觉得就算是这样也没关系呀。据传释尊也是个"主动跟人打招呼"的人。正因为坚强，才可以做到这一点。

人总免不了有被他人背叛的时候。日莲大圣人，也曾经遭受过很多弟子的背叛。我也曾不止一次遭人背叛过。一心一意为对方好，到头来却还是遭人背叛了。但我不感到惊讶，倒

觉得这种事情很自然。

拿出勇气来！自己如果问心无愧的话，就应该理直气壮地活下去。那些背叛朋友的、欺负别人的才是可恶的。他们才是真正可怜的人。

就算遭人背叛了，再重新结交新的朋友就行。不能因为说受了伤，从此就"不再相信任何人"。如果谁也不相信，也许既不会被人背叛，也不会因此而受伤，但会因此而变成自我封闭而又狭隘的人生。其实，越是有过痛苦经历的人越能够体谅别人。所以，我们一定要变得更加坚强。

我们要成为太阳。太阳的光芒，其实并不是全部都洒落在会反射光芒的星球上。太阳还会把自己的光辉送到一些似乎完全不需要阳光的方向。尽管如此，太阳依然坦然地放射着光芒。

那些不愿意接受你送出的光辉的人，也许会在你眼前消失。但你散发出去的光芒，将会使自己更加闪亮、辉煌。

无论别人怎样，都要朝着自己认定的"正确"道路和方向前进。只要自己坚定不移，则总有一天会真相大白于天下的。另外，还要多为朋友的幸福祈祷，这才是最崇高的友谊。

"我会为你的幸福而祈祷！"

——我还听说过这么一件事。有位高中生，他有一位可以称得上挚友的好朋友。据他说："那位朋友有很多的苦恼，他时常会闭上眼睛说：'真想就这样一直长眠下去呀。'每当这时候我都会劝他：'你可千万不能死哦！就算死了也得不到解脱的，在那儿等着你的只有不幸呀。'可是他总是听不进。有一天，我把自己是创价学会会员的事告诉了他，并交给了他一封写着'我会为你祈祷，你一定会幸福！'的信，他后来告诉我说：'看了那封信，我感动得眼泪忍不住要掉下来。谢谢你！'"

我觉得，为朋友而祈祷，实在是件很重要的事呀。

池田 是呀。祈祷，就好像婴儿渴求母乳一样，把自己的愿望真诚坦率地祈求出来就行。另外，祈求的目标不能太抽象，最好要具体到"我想要这样""我希望能这样"，明确地提出自己的祈愿。

此外，我们同时还要为那些自己讨厌的人、不喜欢的人、可恶的人祈祷。刚开始时也许不容易做到，又或者根本无法做到，但只要勇于去挑战、去尝试这种祈祷，情况一定会改变的。要么是自己改变，要么是对方发生了转变，总而言之，必定会有某些东西朝着好的方向转变。很多人都有这样的亲身感受。更重要的是，自己竟然变得能够为这样一些人祈祷，这种转变本身就是自己最大的财产。

"同志"才是真正的朋友

——有些人因为听了学校的老师说过"最好不要和脑子笨的朋友交往，否则连自己也会变蠢的"，于是变得不太愿意结交朋友了。

池田 问题是以什么标准来判断脑袋的"聪明"呢？这就很复杂了。仅凭学习成绩是不能断定的。

另外，高中时代所说的"聪明""愚笨"，以长远的眼光来看，根本不是什么大问题。养成不屈不挠、坚忍不拔的精神才是最重要的。一旦下决心要做，就要贯彻到底，把自己锻炼成为具备如此精神和行动力的人，才能在现实社会中发挥更大作用。因此，要有一种虚心向所有人学习其所长的宽广胸襟。

如果仅以学习成绩来决定一切，那人生就会变得太狭小了。当然，学校的老师估计也是出于好意才那样说的。

交友的关键问题其实不在于朋友是聪明还是愚蠢，而是如果长期结交了堕落的坏朋友，的确会把自己给毁了。因此，要有拒绝坏的诱惑的勇气。

有的时候，朋友对自己的影响要远远大于父母或其他人。结交了好的朋友、有上进心的朋友，则自己也会努力追求上进。钢铁大王卡内基[注16]自称自己是"把比自己优秀的人集结在周围的人"。估计这就是他的人生观吧。说到底，要想"结交益友"，首先必须"自己要成为别人的益友"。好人往往总是会聚集在好人的周围。

户田先生在看到那些把时间浪费在打麻将、看无聊杂志、喝醉酒胡闹的年轻人时，会像烈火般勃然大怒，痛斥他们是"多么懦弱的青年！"他曾教诲我们说："年轻人，应该保持一颗健康向上的心，平时可以在湖畔与朋友畅谈未来人生，多与朋友一起边眺望星星边分享理想和希望。"

我们周围有各种各样的朋友，有家住在附近一起上学的，有同班的同学，还有同一个社团的，经常在一起玩耍的。在这些人当中，最难能可贵的是和自己朝着同一个目标共同前进的友人。尤其是与自己拥有共同信念、共同的主义和主张、目的崇高的同志，那是我们最理想的朋友。我们都是共同为了广宣流布，为了全人类永远的幸福而贡献一生的志同道合之人。

朝着一个共同的目标，互相切磋、琢磨，共同奋进，世上再没有比这种友情更美的东西了。它甚至超越了亲子、夫妇、情侣之间的关系。这才是人生在世的"证明"，是闪耀光芒的"人间火焰"。

有坚强信念、能自立于天下的人，必能结交好友

"我一定要实现自己的承诺！"

——要像《奔跑吧梅洛斯》里的主人公一样，为了信守承诺，不背叛朋友，一直不停地坚持奔跑下去，对吧？

池田　是的。这不是要看对方如何的问题，而是自己要有一种"我一定要信守承诺"的人生态度。

我在世界各地有很多朋友，其中令我难忘的友人之一，就是罗马俱乐部的创始人奥锐里欧·贝恰博士[注17]。

在我们第一次见面的时候（1981 年 6 月），贝恰博士含着眼泪告诉了我第二次世界大战中被投入监狱时的往事。那是一

场意大利针对法西斯主义的抵抗运动，人们对过于横暴的独裁统治毅然奋起展开抵抗。有被追捕的、逃亡的，有藏匿起来的，有奋起战斗的，情势十分惨烈，牺牲者多达 7 万人。博士的许多朋友惨遭枪杀、拷问，有的被射杀于路旁，或被捕入狱，博士自己也被投入监狱成为死囚。

通过那次经历，博士体会到了一件事：那些平常态度傲慢，一味只会批评别人的人，在狱中一被拷问立刻就招供。平常擅长在众人面前哗众取宠、煽风点火的人，到了紧要关头往往却非常软弱。

相反地，那些平日里谦虚而憨直，看上去显得很老实的人，在危急的关键时刻反而非常泰然自若，不屈不挠，其大义凛然的人格光辉令人动容。

牢狱那种地方，我自己也曾经待过，因此也很清楚。在那样的地方，人的本来面目会显露无遗。

人，仅凭外貌往往是看不出来的，处于顺境的时候往往也难以判别。如果不是那些经历过生死的人，往往很难理解人生的深邃，自然也无法理解真正的友情之珍贵。

唯有那些抱有坚强信念的人、能自立于天下的人、坚定不移地"走自己的路"的人，才能成为可信赖的"良友"，同时也才能结交到真正的好友。

秋天的竹林很美。竹子们都一根根笔直地伸展向天空。而在我们看不见的地下，它们的根是彼此相连的。

真正的友情就是如此，不是互相依靠，而是分别自立。

大家都分别自立，但肉眼无法看见的彼此的心和心，是紧密地
联结在一起的。这就是友情。

所以说，友情也是取决于自己的人生态度的。

要培育像大树那样一辈子长青不变的友情

——我想大家都感受到了"友情的重要"。但也有不少人
说，朋友往往多数仅停留于"同校同学""同班同学""同社团
的朋友"这类特定时段里，一旦环境发生了改变，基本上就不
相往来了。所谓"一生的朋友"，往往很难遇到。

池田 是啊。友情也有各种各样的。既有维系一生、长
年不变的友情，也有 20 年、5 年、甚至 1 年左右的短暂友情。
有时候自己心中虽然对朋友的情谊始终未变，但对方却已发生
了改变。因此，友情其实也不必强求非得维系一生不可。

当然，也不能说不是"一生的朋友"就不重要。只要在
每个不同阶段的相处和交往的时候能真诚相待就行。同学之间
的情谊，只要以一种同学、同窗的心态去淡然相处就好。能培
育起深厚情谊的朋友的确是不多的。这就好比栽培许许多多
的花草不同于培育一棵参天大树一样，培育的方法是截然不
同的。

只要自己对朋友始终以诚相待，好友终有一日会自然而
然地向自己周围聚集而去。从中必然能发展起像大树般长青不
变，足以维系一生的深厚友情来。因此不必焦虑，首先要建设
好自己。今后还有无数的美好相遇在等着你们呢。

友情是人世间"最好的清流"

友情不只是简单的互相依赖

——有没有什么能使友谊长存的秘诀呢？

池田　友情虽然是自然而然地培育起来的，但彼此都应该各自胸怀远大目标，在人生道路上互勉互助，共同向前迈进。这样一种体现人生青春活力的脚步声是不可缺少的。

"一定要好好地大学毕业！""要为社会做出贡献！"抱有类似这样一种明确的目的非常重要。如果没有明确的奋斗目标的友情，那就只会变成简单的互相依赖而已。朝着明确的目标，大家乐观向上、互相勉励，共同前进，这样的友情才能持久。

"整天总腻在一起，所以产生了友情。"友情是这样的吗？不，不应该是这样。也不应该是"经常借钱给我，所以我们友情很深"，或者"总是对我很好""总是和蔼可亲，性格相投"，所以我们友情很深。

友情，应该是当对方痛苦的时候，自己也能与之共同分担并给予鼓励。而当自己苦恼的时候，对方也能为己分忧并给予鼓励。这样一种有如清澈的流水般的感情，才是理想的友情。

友情的"情"字，暂且不管它起源如何，却正好由"心""青"构成，既可解为"心灵在活生生地跃动"，亦可解作"心灵清纯"。"青"还可解为"清澈"，同样蕴含着"水在清澈地流动"的意境。

所以说，友情就是在人与人之间让"最清澈的流水"流动。

作为朋友的对方，同样也让其心中清流涓涓流动。当清流交汇在一起时，则不仅清澈的水量增多，其流水的清纯度也会随之倍增。

每一个看到如此清澈的涓涓流水的人，都会不自禁地赞叹"多么美的流水！""多么清澈的清流！""真想能喝上一口呀！"友情就是一种能让人产生如此心境的"清流"。

"成为一位能给对方以良好影响的朋友"

——这样的友情的确很令人羡慕呀。要想获得这样的友情，关键还得看自己，对吧？

池田 正是如此。首先自己一定要和友人一起朝着目标向前迈进，互相切磋琢磨，同甘共苦，相互勉励。自己首先要成为清流般的人。若对方也有同样意愿，则有可能培育起"长久的友情"来。而如果对方根本无意，则只能维持"短暂的友情"。

另外，有时候尽管自己无意，但客观上却导致了对友人的背叛和伤害。即便如此，也不必悲伤，也用不着刻意地去向别人证明自己的友情。而重要的是，自己要在待人处世上坚持秉承友情的真义。

有个说法叫"兰室之友"（《御书》31页）。兰花那高贵的芳香，往往可以为整个房间里所有的人都留下余香。自己就应该像兰花一般，成为"给对方带来良好影响的益友"。只要自己先成为兰花就行。兰花乃君子之花，自己一旦具备了兰花般美好芬芳的人格就好。

——说到兰花，当数哥伦比亚的出名。既是它们的"国花"，而且种类还相当繁多。据说占世界上十分之一的、三千多种兰花都开在哥伦比亚呢。

我们曾经听说过哥伦比亚这个国家与池田先生之间友情的故事。据说当时在非常危急的情况下，您依然守信依约前往该国访问是吧？

池田　哥伦比亚总统伉俪他们本身就是极讲信义的人。

哥伦比亚人民在我们举办"哥伦比亚黄金大展"（1990 年、东京富士美术馆主办）的时候，慷慨地出借给我们包括首次公诸于世的硕大祖母绿宝石（1700 克拉的天然祖母绿钻石矿）在内的、500 多件国宝级展品。这种为促进文化交流而在所不惜的深厚情谊令我难忘。

其实，就在出发访问之前，哥伦比亚总统府还来过联络以最后确认："池田（SGI）会长真的要依约前来吗？"

对方身处危难的时候，更应该以实际行动给予支持

池田　当时，贩毒集团发动的恐怖活动异常猖獗，正好又刚发生了一起造成众多伤亡牺牲者的爆炸事件，情势十分危急。原定举办的国家会议被迫中止，许多媒体人士都纷纷离开

哥伦比亚。因此，周围的人也都劝我暂时取消该次访问行程。

但是，我毅然地回复了总统府："我个人的安危请不必担心，我将按计划前往贵国访问。我将作为最勇敢的哥伦比亚国民之一员，去践行我的行动！"

我的到访受到了加维利亚总统夫妇的由衷欢迎。那一次与他们的交谈（1993年2月）至今令人难忘。当时在哥伦比亚举行的"日本艺术名宝展"也获得了极大的成功。

——对方处于危难的时候，才更应该以诚恳的行动给予支持，对吧？

一般来说，有福可以同享，但一旦有难，则自顾各奔东西，这也是人之常情。但"友情"不应该是这样。不过，这就需要自己拥有坚强的信念才行呀。

在牢狱中死去，是幸运，还是不幸？

池田 俗话说："患难见真情"。

关于友情，西方等海外国家要比日本有更深远的历史。无论从其具体事例来看，还是从其小说来看，其友情都有着更深邃的内容、更长的持久性。而日本呢，则多倾向于追求"性情投合"这样一种相对比较肤浅的交往。

我曾经有一位朋友是某国的驻日大使。因其长年担任大使，在各国的驻日大使当中已成为了中心人物，而且在其本国内也处于相当重要的地位。我曾经三次与他会面。无论从人格上，还是从见识方面看，他都是一位非常出众的优秀人物。他曾多次邀请我访问其祖国，还撰写过有关我的论文，分赠给其国内的各界人士。但由于各种各样的原因，访问始终未能实现，至今仍深感遗憾。

由于其国家发生了政变，大使流亡到了英国，并最终逝世于当地。就在政变发生前夕，大使即将回国之际，我应邀参加大使主持的晚餐会而拜访了大使馆。在当时大使带我参观的一个房间里，我看到他把我的照片跟他们国家最高领导人的照片摆放在一起。

大使对我说："我把您看作是我一生的朋友，是共同立志为和平而奋斗的同志，所以把您的照片摆放在这里。"另外，他还一一介绍了其他人的照片，一边介绍一边说明："这些都是我珍贵的朋友，我的同志。"当来到一位外国友人的照片前时，他含着眼泪，语带哽咽地介绍说："作为政治犯，他至今仍然身陷牢狱之中。他是一位信念坚强之士，恐怕这一辈子都无法走出牢笼了。"

我当时问大使说："如果一个人一辈子都不能走出监牢而死于狱中，您觉得这是幸运呢，还是不幸？"

只见大使强忍着眼泪斩钉截铁地回答说："这些人都是正义之士，估计都将死于牢狱之中。但是，像他们这样，即便是身陷囹圄，却依然坚守自己的信念而不惜牺牲性命，这是最伟大的。这本身就是胜利。"

我听后深受感动。

其实，只要背叛自己的信念，或背叛同志，他们就能获得"自由",但他们却坚决不做背叛的事,即使遭人背叛,也宁愿独自一人死于狱中。这才是真正有人格的人,这才是真正的友情。

"欲知其人,可观其友"

——就像《不朽城》(霍尔·凯恩)^(注18)里的洛西和布鲁诺的友情一样,对吧?

池田 是的。就是要守"承诺"。要信守与朋友之间的"誓言、承诺",这就是友情。要想做到这一点,还必须是一位能遵守"与自己的约定"的人。

总之,友情会促进人的"成长",会产生"善"的价值。而恶友既不会促人"成长",亦没有"善"的价值可言。那只是一般的伙伴,不是友情。有句话说:"欲知其人,可观其友。"拥有什么样的朋友,自然会受其很大的影响。正所谓"近朱者赤,近墨者黑"。因此,万不可接近心地不善、心术不正之人。

一流的人不会背信弃义

——池田先生您在世界各地都有朋友。一般来说,有时连身边的人都很难相互理解,更何况国家、语言、宗教和民族都不同。您却能结交那么多的友人,真是了不起呀。

池田 在世界一流的人士当中,我的确结交了不少朋友。我以此为荣。他们大多在交谈中诚恳真挚,从不背信弃义,也

不互相利用。可以说，这样一种能够互相交换意见，共同为社
会做贡献的"心灵的联结"，从某种意义上来说，比什么都尊
贵，比什么都强。这是我经历了漫长人生之路后得出的结论。

他们这样的人，往往在人生当中拥有坚强而深厚的信念
和哲学，会努力地去贯彻正确的人生观，并拥有一颗力图为他
人做出贡献的谦虚之心。能够与这样一些具有人间最优秀品格
的人结交并产生共鸣，这种友情是最理想的。

当这种友情在人世间消失时，人类将永远陷入黑暗之中。
创价学会正是因为拥有了与世界各国的友情，才能冲破黑暗，
找到希望和光明。

编织起和平地毯的友情之纱线

恶人往往容易结党，善人往往难以聚合

——和平，也是友情扩大之后的结果，对吗？

池田　正是如此。正如地毯是由纱线纵横交错编织而成
一样，如果善之友情也能够在世界各地不断地纵横交织在一
起，成为通向世界各地的桥梁，则善的世界、和平的世界终将
会得以实现。

珍惜友情，是一件正确的、和平的、意义深远的事。是
创造"共生""和谐"这样一种理想社会的第一步。

正如古人所说，恶人往往容易结党，而善人往往难以聚
合。也唯其如此，善人与善人之间的友情才格外的尊贵，格外

的美。这种友情才是作为人的真髓。

——恶人因为相互间的利害关系而往往比较容易勾结在一起，但善人却不会这样，所以往往很难聚集起来，对吧？

尤其是日本人，总觉得他们心胸比较狭窄，很难为别人的成功而真诚地感到高兴。或者说他们比较爱嫉妒吧，一旦有人表现得太拔尖、太出色，他们往往就会拉别人后腿。

应该说，他们是比较喜欢"并驾齐驱、齐头共进"吧（笑）。不过，像这样一种抑制别人自由发展的"忽视个性"可不是友情呀。

池田　是呀。"心胸宽广"，能够尊敬不同于自己的人，这是友情的土壤。只要有"宽广的心胸"，就能拥有相应美好的友情。"狭窄的心胸"，则只会使自己心灵贫瘠、孤独。

"有些朋友我怎么也喜欢不起来"

——不过，有时候碰到一些"怎么也喜欢不起来的人"，这该怎么办好呢？

池田　正如我们对食物有所偏好一样，有时候碰上不喜欢的人也是在所难免的。只不过，你不喜欢也没关系，但不能因为不喜欢就鄙视或恶意为难人家。人家也有人家的生存权利和自己的生活方式，我们应该尊重别人不同的生活态度和生活方式。这种宽容的胸襟很重要。

"自我封闭的孤僻性格"

——有一位女生说："由于自己是一种自我封闭的孤僻性格，很难结交朋友。"

池田 的确，性格这东西很难改变。性格柔弱一点也没关系，当然，能坚强一些会更好。

自己的性格天生如此，这是没办法的事。环境这东西也一样，有时候是我们怎么也无法改变的。正因为如此，不断地努力去锻炼、磨炼自己，努力使自己更坚强，这才是制胜之道。

知道自己的弱点所在，祈求并努力去想方设法克服、改善它的人，自然而然地就会向好的方面转变。性格内向的人，逐渐逐渐就会变得深思熟虑。从长远来看，这样的人，比起那些毛手毛脚的冒失鬼（笑）来说，反而更能缔结深厚的友情。

"有同学不来上学了"

——有一位成员诉说了这样的烦恼："班上有同学最近不来上学了。那是一位平常很少跟他交谈的同学，不知道该怎样去关心他？"

池田 首先，有一颗这样去关心别人的心是很值得尊敬的。最根本的，应该是要为他祈祷。至于具体该用什么方式，则可以根据实际情况来做判断。我想，首先应该以某种方式，设法向他传达"我们都很担心你哦""等着你回来上学哦"这样一种关怀之意吧。根据具体情况，还可以直接去探望他，或打电话、写信以示问候等等，方法还是有很多的不是吗？

也许情况不可能马上就会改变，但是，应该让他知道"我们等着你回来哦，能在学校里见到你，大家会很高兴哦"，营造好一个使他在想回来的时候可以毫无顾忌地回来的氛围，为他开辟好一条更容易回来上学的"路"。另外，尽可能使班里增加多一些怀有如此温暖之心的"同志"，这一点也很重要。

"因学习成绩好而遭人嫉妒"

——有的人"因学习成绩好而遭人嫉妒"。

池田　那他完全可以为自己感到自豪、骄傲。人生当中，遭人嫉妒是无可奈何的事。正如苏格拉底所言，"所谓中伤是难免的。无论什么事，总免不了会受到各种各样的中伤"（柏拉图《国家》下，藤泽令夫译，岩波文库）。就连被誉为人类教师的睿智之士，都难免遭到中伤、谗言呢。当然，不能自恃学习成绩好而自高自大。

我在读小学时，班上也有总是穿着好衣服、看上去家里很富裕、过得很幸福的同学。自己有时候也很羡慕，班上大家也都总是以羡慕的眼光来看他。如果是放在今天，说不定他会成为遭人嫉妒、被人欺凌的对象呢。可是，这种心态不好，是动物性的畜生心态。立志要努力过上比他更有意义的人生，这样一种雄心壮志才是"人性"的光辉。

嫉妒别人，实际上只会使自己变得可悲，而不会有丝毫进步。我们千万不能输给这样的不良心态，不能被这种心理所束缚。总的来说，"被人嫉妒"，比起"嫉妒别人"要好得多，不是吗？

我们应该多包容别人，应该成为像大海一样宽广、像大河、像蔚蓝的天空一般壮阔的自己。有了如此"宽广的胸怀"，必将能孕育出伟大的友情来。

第二章　青春的律动

恋爱是什么

今天对自己的磨炼，将成就未来的精彩

"不能谈恋爱吗?"

——跟友情问题一样受到更多关注的，是"恋爱"和异性的问题。

前些日子有同学问:"母亲告诫我们说'不准谈恋爱'，是不是高中时代还是不谈恋爱为好呢?"

池田　高中时代正值青春期的最旺盛时期。正如春天花开、冬天降雪一样，青春时代对异性产生憧憬、怀有好感乃至激情荡漾，这是很自然的事，是人生的一个阶段。在这个时候，大家都仿佛是跨入一个有如旭日东升般光辉耀眼的新时代。

当然，说起恋爱的烦恼，也是各种各样的，因人而异。

由于每个人的性格不同，各自所处的环境、状况也有所偏差，因此不可能有"只要这样做，就必定能解决"这样一种适合于所有人的通用法则。

另外，喜欢上一个人，欣赏某位异性的美，这也是个人的自由。甚至男女相互交往，也都是出于每个人自己的意愿，也许这本来就不应该由旁人来说三道四。

最根本的是要"培养坚强的自己"

池田　只是，作为人生的前辈，我想跟大家强调的是，不应该忘记"将自己培养成为坚强的人"这一根本轨道。

无论是学习也好，参加课外活动也好，目的都在于建设坚强的自我，以奠定人生的基础。而性格方面的烦恼，交友关系方面的烦恼，都是培养"坚强自我"过程中所必需的肥料。

恋爱也一样，但必须是那种能使自己有所成长、有助于激发自己生气蓬勃地充分发挥力量的恋爱。这是大前提。

不过呢，正如有人说过的那样，"恋爱是盲目的"。现实中的恋爱，往往很容易使自己丧失冷静地看待自己的那种从容。

谈了恋爱之后，如果变得很不靠谱，让父母担心，或者误入歧途，或荒废了学业，则双方都会变成妨碍自己健康成长的"恶魔"。一旦变成了这样一种互相都有所伤害的结局，那是非常不幸的。我想，那位母亲也是出于这样的担忧而提出忠告的。这就是天下父母心呀。尤其是对女儿，那就更不用说了。

——重要的是，不应该忘记"把自己培养成为坚强的人"这一根本目的，对吧？

有的同学表达了这样的意见："就因为有了喜欢的对象，每天的生活都大不一样。心情总是很兴奋、很激动。我觉得有了心上人，真是件非常美好的事。如果自己能因此而有所成长，那就更好了。"

池田　其实，关键是取决于，自己是"因为有了心上人，所以要更加用功学习"，还是觉得"心上人的事比学习更重要"。

"因为有了心上人，所以自己要更多地参与课外社团活动。""因为有了心上人，所以要更加珍惜朋友和父母。""正因为有了心上人，才应该朝着未来的目标更加努力奋进。"谈了恋爱之后，你是这样呢？还是反过来，觉得"心上人比课外活动重要"，"比朋友和父母重要"，"比自己未来的目标重要"？

完全忘记了自己目前应该做的事，忘记了人生的根本目的，这样的交往是无益的。应该是为了达成各自的人生目标而互相勉励，共同拥抱希望，这才是最重要的。恋爱应该使人感动，给人以希望，应该成为催人向上、奋进，去创造自己的美好人生、走好自己的人生之路的源泉。

单相思，使但丁获得了"升华"

池田　说起但丁^(注1)，大家都知道他是西方登峰造极的诗人。对于他来说，一位叫贝雅特丽采的女性就是他生活的源泉。但丁从少年时代开始就一直对她仰慕不已。在18岁那年的某一天，他们又在路上偶然相遇。他要将当时自己内心那种感动之情创作成题为《新生》的诗作。就是在经受着如何更好地表达自己对她的仰慕之情这样一种苦恼和煎熬当中，他创造出新的诗作风格来。可以说，是她开启了但丁的艺术之门。

然而，对于但丁来说，她最终仅止于"仰慕的对象"而已。贝雅特丽采后来跟别的男性结婚嫁作人妇，且年纪轻轻即香消玉殒。尽管如此，但丁始终对她初衷未改、爱慕依旧。正是这种无果的爱慕，把但丁锤炼得愈发高贵、深邃，其结果使之获得了升华。

在但丁的倾世之作《神曲》里，贝雅特丽采被刻画成为引导但丁升华至天界的尊贵的存在。

对于大家来说，也许但丁所处的时代和国度都不一样。但是，像但丁那样，无论对方如何变化，都不迷失自己的初衷，将爱情化为"生活下去的希望"，这其中就有许多值得我们学习的地方。

我认为，爱情应该成为我们坚强地生活下去的"弹簧"。

——有位同学来信问道："我心里有一位既尊敬又仰慕的学长，可朋友劝我说，对于这样的对象，尊敬他比喜欢他更好一些。但我自己觉得只停留于尊敬而不能爱慕他，这有点难以接受。我应该怎样来处理这种感情才好呢？"

池田　这很难一概而论。关于恋爱问题，可以说，有多少人谈论就一定会有多少种恋爱观（笑）。这也正好说明，恋爱是个与人生态度、生活方式密切相关的高难度大问题。我觉得，正因为如此，恋爱绝不应该草率。正所谓"爱情非儿戏"。

"只是尊敬而不能爱慕，这有点难以接受。"这种心情我理解。如果都能像道理所讲的那样，界线可以分得一清二楚的话，那世上就不会有什么恋爱的烦恼了。不过，有了尊敬作为前提就好呀。要想发展成为恋爱，如果没有对对方的尊敬作为基础，则既不能持久，也难以互相促进、共同成长，不是吗？

"互相凝视，不如一起把目光投向同一个方向"

池田 中国的周恩来^(注2)总理夫妇，被大家视为"模范夫妇"。他们俩都相继离开了我们，令人惋惜不已。但他们生前都对我和妻子关怀备至，对于我们来说，是在我们生命中占据着重要位置的人。

总理逝世的时候，夫人邓颖超女士将写着"周恩来战友"字样的挽联放在灵柩旁。对，是"战友"。这一称呼，包含着多么丰富的含义啊。我想，这正是他们夫妇俩一生中总是朝着一个共同的大目标并肩战斗、携手并进，相敬如"同志"这样一种生活方式的真实写照。

这就是夫妇关系应有的典范。大家在思考恋爱方面的问题时，应该可以从中得到某些启示吧？

与其被"喜欢他"的情绪所左右，整天沉浸在对能跟他待在一起的二人世界的追求当中，倒不如学习他值得尊敬的地方，以尽可能地提升自己，这才是贤明的。

《星星王子》的作者圣艾修伯里[注3]也曾经说过："爱情不是互相凝视，而是看着同一个方向。"(《圣艾修伯里的名言》山崎庸一郎编译，弥生书房)从这个意义上也可知，多数情况下，怀有共同的信念，爱情往往会更持久。

男性也一样，当他尊重女性，能把女性当作一个"人"来尊敬的时候，才能称得上是一个"自立的男性"。据说有一位来自亚洲的女留学生就曾经指出过："日本的男性，往往只把女性当作'女性'来看待，这难道不是欠缺一种把女性当作一个'人'来加以尊敬的健康心态吗？"

"周围的大家都在谈，自己也不能落后了"？

——电视、杂志上的宣传，往往总是要么把恋爱描绘成"人生的目的"，要么就给人造成一种视恋爱为游戏、"逢场作戏"的印象。

把女性当作商品来看待，有意地把一些极端的事例加以渲染报道，类似的事例总是特别引人注意。

另外，"周围的大家都在谈恋爱，自己不谈可就亏了"，"我也得赶快找个男朋友呀"，高中生们当中似乎还有这样的焦虑。

池田 大家不必在意社会上一些浅薄而不良的风气，也不能去随波逐流。那些都是成人社会病态的反映。传媒往往置年轻人的真正的幸福于不顾，而只考虑利用其来赚钱而已。大家一定要看清楚这一点，绝不可上当受骗。

青春一去不复返，天生我才难替代。如果被媒体所左右，变得如傀偏般受人操弄，那是愚蠢的。那样的自己就太可悲了。

要毅然踏上自己的人生大道。"只要爱情方面顺利，其他的都无所谓"这样一种"爱情至上主义"，或者认为"爱得越深越好，为了爱情，受伤也是美的，受伤也值得"这样一种不负责任的恋爱观，都是不可取的，千万不要被蒙骗了。

有位著名的哲学家曾说过："世上最重要的是什么呢？是平凡，是常识，是道理。"

人生可分为几个阶段，有"青春时代""踏入社会时代"和"恋爱结婚时代"。在每一个不同的阶段里，都踏踏实实地前进，这就是道理。

几乎所有的爱情都一样，到头来都如梦幻一般。但学习却不是虚幻的。千万不可丧失学习的热情。不能偏离了轨道，应该沿着自己的人生轨道踏实前进。

房子如果建造在草率构筑的地基上，那也是不安稳的。米如果不经过淘洗，煮出来的饭不会好吃。偷工减料的后果是显而易见的。在社会上暂时还无法自食其力，却要学着像大人们一样，这是愚蠢的。

踏踏实实地把眼前该做的事情做好，只有这样去努力，才能造就出适合于演绎自己将来的精彩人生的你，不是吗？

不能把将来要盛开鲜花的嫩"芽"过早地给掐掉了。一旦只沉溺于爱情，就自己把自己青春的无限可能性给断送了，这样的人实在太多了。

幸福是不能靠对方来给予的

——"将来，我要走这样一条路"，原本对未来怀有憧憬的，但由于沉溺于眼前爱情的欢愉之中而身不由己，待到回过神来时已经时过境迁，为时已晚。竟茫然不知自己本来想要做什么了。这样的事例似乎也不少呢。

池田 日常的生活是朴实的、平凡的。每天的努力很辛苦，绝不可能总是轻松快活的事。相比之下，谈恋爱使人怦然心动，仿佛在上演戏剧似的。总感觉自己好像成了小说的主角。

然而，以"日子单调无聊"为理由，偏离应走的轨道而去沉溺于爱情，这其实是一种逃避，就犹如做梦一般。梦就是这样，做梦的时候总以为这就是真实的。

但实际上，即使"逃避"到爱情的世界里，也不可能总是快乐的事接连不断，反而有可能会逐渐增加痛苦和悲伤。因为无论怎么逃避也逃离不了自己。自己若总是软弱的话，无论到哪里都只会是痛苦的。自己不改变自己，那是不会有喜悦的。

幸福不是别人给的，也不是恋人给的。应该要靠自己去争取幸福。要想达到此目的，除了自身不断努力成长、"充分发挥自己所长"之外别无他法。牺牲了自己的成长和可能性，即使谈了恋爱也绝不会幸福。"充分发挥了自己的所长"而获得的幸福才是真正的幸福。

在十几岁的时候，视野还很有限，尚未能找到可以真正发挥自己能力的方法和途径，所以往往会认为恋爱是最美好、最至高无上的。但其实人生并不是只有爱情。

女性真正的幸福，其实取决于 40 岁以后。

最关键的是，为逃避现实而谈的恋爱，不仅对不起对方，也对不起自己，不是吗？希望大家不要着急，你们还年轻。现在应该是将自己磨炼得更出色的时候。

世界上有许多人正在受苦，他们都在期待大家的成长。大家都有别人无法取代的使命。忘却使命，只顾追求自身的快乐，那是自私的。自私的人，怎么可能有真正爱人的恋爱呢？

相反地，如果真正地爱一个人，就应该使自己升华到可以通过爱这个人而扩大至爱护全人类，应该使自己变得更坚强、更高尚、更深邃。恋爱，最终也应该是这样一种最适合当事人的恋爱才好，友情也是如此。现在磨炼自己多少，将来就能缔结多少美好的"心灵羁绊"。

男性应有骑士精神！女性应该态度坚定！

"只要两情相悦，怎么样都无所谓"？

——有位高中生正为自己的一位朋友担心，因为那朋友宣称"只要现在快乐，做什么都无所谓"，而完全不在乎后果是否会受伤。另外，年轻人当中弥漫着一种"只要双方互相爱慕，两情相悦，怎样交往都可以"的风气。

还有人说："男性很狡猾"，有时候只是利用女性而已，必须要分辨清楚才好，可不能到头来落得被人说"这女的真蠢"。

当然，这些都不能一概而论。但看到那些和年长的大学生交往的女同学当中，的确会有不少令人为她们忧心的：这样的恋爱对她们真的有益吗？毕竟，到头来身心受伤的还是以女性居多呀。

恋爱有像"刹车失灵的车子"似的一面

池田 许多女性在男性的积极攻势面前比较脆弱，就像是触电了似的，往往会有种脑袋一片空白而无法冷静地思考和判断的倾向。

正因为如此，女性一定要毅然决然。因为受伤害的往往是女性。女性有毅然保护自己的权利，如果是不能理解这一点的男性，那是不值得交往的。

但是，一旦开始了交往，如果拒绝什么的话，会让人觉得是对对方的不信任。所以，恋爱有时候在某种意义上就像是乘上了刹车失灵的车子，即使想下也下不来了。

即便是后悔了，车子也无法停下来。自己本来以为恋爱是"自由"的，但多数情况下往往最终变成了最不自由的自己。

大家都是非常、非常宝贵的存在，千万不可随随便便地糟蹋自己。不要误入歧途，一定要走在正道上。

美好的恋爱，实际上只有在两个诚实而又成熟的"自立的个体"之间才能发生。所以，重要的是要磨炼好自己。

——另外，为了不让对方讨厌而去"迎合对方"，这样的情况也不少。

池田 一味地去讨好对方的恋爱是可悲的。那既不是你的善解人意，也不说明你情深义重，甚至不能算是爱情。如果是要以自己不情愿的"交往方式"来交往的话，那还不如被对方讨厌更好一些。自己的态度应该要坚定些。

真正的爱情不是互相依赖，而只会产生于两个坚定的"自立的个体"之间。肤浅庸俗的人只会谈肤浅的恋爱。若想谈一场真正的恋爱，那就应该认真地建设好自己。既不用讨好对方，也不用打肿脸充胖子、粉饰门面。

如果真的有爱情的话，那就不应该勉强对方做不情愿的事，也不应该冒险去做无法负责的事。

从这个意义上来说，我希望男性要以骑士的精神来对待女性，绝不能忘记自己应该保持一种尊敬、爱护女性的姿态。不是去期待女性的体贴和对自己的迎合，在某些方面甚至要以"父亲"般慈爱的眼光去看待对方，去优先考虑对方一生的幸福，这才是真正的男子汉，这才是真正的爱情。

试想一下，当自己为人父母，有了女儿的时候，自己是怎样的心情？当女儿谈恋爱了，你希望对方以怎样的姿态来对待自己女儿？不理解这种做父亲的心情和感受的人，怎么有爱人的资格呢？

拥有一位无话不谈的知心朋友

池田　对于有许多烦恼的友人，根本的做法就是为他祈祷，并且聆听他的倾诉。

总的来说，无论谁都好，哪怕只有一位，我认为拥有一位可以无话不谈的知心朋友是很重要的。关于恋爱方面的问题，最好有"当局者迷"的自觉，虚心地听取能客观地从旁观者角度看问题，又能真心为自己设想的人的建议，这才是明智之举。

希望保守住秘密，这种心情我理解。不过保密越多，危险也就越增加。更何况如果因此连跟朋友的交往都停止了，那就更令人担心了。

总而言之，现在看起来再怎么快乐，或自认为是认真的，但一旦脱离了成长的轨道，就会沦落为游戏、玩乐。儿戏终究是儿戏。

再怎么大的数字，如果乘以零的话，结果终究会变成零。若是这样的交往，未免太可悲了。

若变得盲目、病态了，那就是青春的败北

"我失恋了，彻底丧失了生存下去的希望"

——有的人因为失恋，丧失了生存下去的希望。总觉得好像自己的存在都被全盘否定了。有的人甚至觉得自己活在这个世界上是多余的、无意义的。

池田 相信很多人都有同感。

但是，若因此变得盲目、病态，那就是青春的败北。不论发生什么事，一定要坚强，不可软弱。青春应该是积极向前的，不能够瑟缩在黑暗之中。看待事物切不可悲观或多愁善感、优柔寡断，那是失败者的观点。有时候大可以这样去想："唉，那些不了解我优点的人，可真是可悲呀！"（笑）

大家都知道，洛克菲勒^{（注4）}是创造了史无前例庞大资产的实业家。他年轻时因为贫穷，向初恋女友求婚遭到了拒绝。拒绝的理由很有意思，据说那女孩的母亲说："我不能把女儿托付给像他那样没有前途的人。"（笑）（戴尔·卡内基《人生的启示》，高牧俊之介译，三笠书房）人就是这样，往往总会有大跌眼镜的时候。而他呢，说不定就是因此而奋发图强起来的。

失恋算什么？应该要这样去勉励自己："我可不是因为这点小事就一蹶不振的软弱之人。"现在也许会认为意中人是"世界上最优秀的"，但在今后遇到的一百个人当中，他仍然是最好的吗？在一千个人、一万个人当中还是最好的吗？恐怕连自己也无法断言吧？何况随着自己的不断成长，看人的眼光也会改变的。

会有人失恋。或许还会有人因失恋而心灵受创，觉得自己"没用了，不行了"而沉沦下去。请大家千万不要这么想。因为你是世上唯一的、不可替代的。即便是汇集了全宇宙所有的宝物，那也无法替代自己。

无论现在处于何种境遇，我都会坚定地认为：大家都是我的唯一的、无可替代的"儿子"和"女儿"。我期待着大家都一定能振作起来。

一定要坚强起来。人一旦坚强了，就连悲伤都能化为自己成长的养分。苦恼能帮我们将自己的心灵清洗干净。只有身处过濒临崩溃的痛苦深渊的最底层，才能够切身体会到人生与生命的真髓。所以，正因为经受了痛苦，才更应该活下去，不断地向前进。

把悲伤化为成长的动力，使自己变得更加强大、变得更加出色就好。正因为你亲身经历过痛苦，所以才有可能达到这一步。应该昂起头、挺起胸来，自己既然竭尽全力地活了下来，其实就是当之无愧的"胜利者"。绝不可就此一蹶不振，走入歧途。

——有人说过这样一句话："悲伤的时候就尽情地哭吧，让泪水一次性把所有一切都冲洗干净。"实际上就是要人们"跨越泪水之河"对吧？说这话的人，我想他内心一定拥有那些未曾有过伤痛经历所难以体会的深度和豁达。

其实也就是告诫人们，绝不可沉溺于泪水之中而不能自拔，对吧？

人的一生中，有一次最美好的恋爱就足矣

——有的人说起这样的事："我的朋友当中，有的人只要

身边没有男友在就会感到不安，跟男友一分手马上就会另结新欢。"

池田 采取什么样的生活态度和方式，那是个人的自由，而且每个人的性格都会因人而异。但是，如果是一味地不断只去追求男性，那这样的青春就未免太凄凉了。

人的一生中，有一次最美好的恋爱不就足够了吗？如果能因此发展至喜结连理，那就更理想了。当然，也有可能最终不能如愿的。但是，如果一开始就把恋爱和结婚截然分开来考虑，我想这对哪一方都是失礼的。

关于恋爱，可能大家还会有很多疑虑和问题。不过，大家都还处于身上潜藏有对将来的无限可能性的阶段，千万不要太着急。也没必要急急忙忙地去长大。就算有了心上人，不妨将这份感情暂时埋藏在心底里，"我要努力成为一个有朝一日能让他引以为自豪的人"，"我要为此而不断磨炼自己"，以这样一种生活态度来努力过好每一天。

不论对方是否能感受得到，自己心中的这份情感将会像芳醇的果子酒一样，随着时间推移而愈加芳香。而这段青春的回忆，即使到了各位长大成人之后，不仅会醇香依旧，让我们回味无穷，还会使我们的人格得以升华，增添我们生命的深度和广度。

什么叫工作

充分发挥自己的天分吧！每个人都是某方面的天才

——在此，想请教一下关于职业方面的问题。同学们对将来都怀有各式各样不同的梦想。

"我想当外交官""我想当保育员""我要当一名电脑程序设计员""我想成为一名歌手""我要当一名伸张正义的记者""我想从事社会福利方面的工作""我立志要为解决难民问题出一份力""我要成为一名化妆师""我想当漫画家""我想成为一名教师，想设法让学生们都怀有远大的梦想和希望"，等等。

另外，在一些自称"已经定下将来的目标"的人当中，既有一些已经认真地在付诸行动的人，也有声称还只是仅有这种打算而已的人。另一方面，还听到诸如这样一些声音："家里人希望我当医生，但我还拿不定主意。""以前很想当飞机上的乘务员，但又没有自信心能考上。""要看有什么公司来学校招聘才能决定，没什么选择的余地。""因为是家里的独生子，正烦恼着是否该继承家业呢。""也没什么特别喜欢的，只是想能做一些可以成名、引人关注的事。""在与各种各样的人接触过后，梦想也随之不断改变。"等等。

还有的人倾诉了这样的烦恼："因为自己也不知道将来到底要干什么，心里挺发慌、挺着急的。"

挖掘出自己自身的宝石

池田 人生是漫长的。真正的胜负、成败要取决于40、50或60岁之后。应把青春时代看作是"学习的阶段""锻炼的阶段"，勇于去尝试任何挑战。

无论是谁，都有别人无法替代的独一无二的使命。但是，这种使命，绝不是自己不做任何努力就在某一天会有某个人来告诉我们，自己的使命必须要自己去发现，这是最根本的。

宝石也是这样，一开始是埋藏在矿山之中的，如果不努力地去把它挖掘出来，它就会一直埋藏在矿山里。即使挖掘了出来，如果不经过琢磨，那也就永远只是一块原矿石。

你们各位身上绝对都拥有宝石。大家都是"蕴藏有宝石的矿山"。不努力将埋藏着的宝石挖掘出来，而庸庸碌碌地终其一生，那未免太可惜了。

所以说，学校的老师或父母亲要你们"好好学习"，实际上就是要你们好好挖掘、琢磨自己自身的宝石。

当然，并不是只有学习才是挖掘宝石的唯一途径。不能仅凭现在的考试成绩上的偏差值来决定自己这个人的人生。人可不是那种可以用凭默记能力取胜的学习成绩来衡量的小山。

尤其是最近人们都在议论，认为EQ（情商）要比IQ（智商）更为重要。也就是说，拥有一种诸如心胸宽阔、善解人意，同时又具有不屈不挠的斗志等等，这样一种作为一个人所应具备的各种综合性能力更为重要。而这种能力是无法用智力测试来衡量的。

因此，仅凭 16、18 岁时的在校学习成绩来判定其今后的人生，这实在是太愚蠢了。一个人的潜力，绝不是那么简单能衡量出来的。

关键问题是，有些人往往被周围的风气所左右，认为"自己现在考得这样的成绩，因此也只能成为这样的人了"，而早早地就做出轻率的决定。如此一来，本来可以再有所提升的能力也会变得无从再发挥。一旦自己主动放弃了挖掘宝石的努力，那就再没有什么指望了。这是最可怕的。

多想想"做什么"要比想"成为什么"更有意义

池田 反过来，有的人一考上大学就不再认真地努力了。还有的人，进了有名的公司，或当了官、成为医生、成为律师……从那一刻开始，就不再有什么进步了。还有许多人从此就丧失了"为他人做贡献"之心。

实际上，这种时候等于是刚刚才来到起跑线上。这样的人，他们其实只想过"成为什么"，而完全没想过要"做什么"。

——也就是说，那种认为"自己成绩不好，没用了"，或者觉得自己"已经找到了好工作，心满意足了"，这样的想法都是错误的，对吧？

池田 正是如此。我们应该一辈子致力于挖掘、琢磨自身的宝石。在学生时代时不怎么起眼，但出到社会以后，在经历了各种各样事情的过程当中，开发出了自己过去从未开采过的"矿脉"来，这样的例子不胜枚举。

所以说，就职只是挖掘自己的"起点"，而绝不是"终点"，大可不必着急。应该不急躁、不停歇、不气馁，稳当而踏实地爬上自己重要的人生坡道。

而对未来已有明确目标的人，我希望大家坚定自己的信念，朝着目标奋勇迈进，绝不可半途而废。执着地坚持自己的信念去努力，即使最后失败了也没有遗憾。而如果成功了，则可以锦上添花。总之不管怎样，都攸关着自己人生的下一步。

至于尚未明确目标的人，则应该倾注全力于"眼前该做的事"，真诚地祈祷，并与周围的人多商量、多听取意见，边努力边摸索以求最终走出一条"属于自己的路"。

养成一种"努力到最后的极限"的好习惯

——有的人总是觉得"自己没有才能，所以……"

池田 绝对没那回事，自暴自弃才是个大问题。正如有句这样的话所说："每个人都一定是某个方面的天才。"并非音乐、文学、运动方面的天才才是天才，还有擅长与人交谈的天才、善于交友的天才、会安慰人的天才、长于护理的天才、幽默而会说笑话的天才、有经商手腕的天才、善于勤俭节约的天才、信守时间的天才、善于忍耐的天才、埋头苦干的天才、善解人意的天才、善于挑战的天才、乐观主义的天才、善于带给人们幸福的天才……

正所谓"樱梅桃李"，樱是樱，梅是梅，能绽放出属于自己的最美的花就行。每个人必定拥有自己的宝石、属于自己的天分，关键问题是，应该怎样做才能将它挖掘出来呢？

除了"全力以赴"之外别无他法。无论是学习也好、运动也罢，什么事情都一样，全力以赴地努力到最后的极限，自己的潜力才有可能得以引发出来。

最重要的是，要养成这样一种"努力到最后的极限"的好习惯。从某种意义上看，结果如何并不是什么大问题。高中时代的成绩什么的，这本身并不能决定人生。但是，养成了凡事都"努力到最后的极限"习惯的人，今后无论做什么都能发挥这种好习惯，必定能够崭露头角，也必定能充分发挥出自己的潜能来。

还有这样一种说法："一个人的成就，无法超出自己的梦想。"因此，梦想可以远大一些。但梦想是梦想，现实终归是现实，为了实现伟大的梦想，当然必须要冷静地关注现实，在此基础上去做"殊死的努力"。

户田先生曾经说过："青年应该有一种立志在某方面成为第一人的执着信念。"这种执着很重要。要想挖掘出自身的宝石，一般的努力是无法实现的。

在机关上班好，在工厂上班没意思？

——高中生对职业的看法稍嫌狭隘，他们受到电视的影响，往往认为"身着西装，拿着手机，对着电脑的工作就是好工作"。有的则一心想着要成为电视明星、歌手什么的。"什么样的职业才是好职业"看来很难界定呀。

池田 如果实在因就业问题而烦恼不堪的话，大家不妨从自己身边最容易办到的事情开始做起，试着先去体验一下。

如果只是简单地认为，大公司或政府机关的工作好，而小工厂、小车间的工作差、枯燥而乏味，只是抱着这么简单的想法去就职的话，事后多半会发现现实却并非如此。如果不去就职单位实际体验一下那是不可能知道的。正如人有千差万别一样，公司也会有各种各样的。

因此，自己一定要坚强，要醒目，无论到哪儿，都应该有"要把这里所有的方法技能全都掌握起来""练就生活下去的能力""不图虚名重实效""在实际工作中好好挖掘自己"这样一种意识，同时要努力成为工作岗位上"不可或缺的人"，这一点很重要。

铁路工程师排第一，总统排第十六

池田 我曾经在创友会、凤友会的联合总会（1989年5月4日）上介绍过，19世纪时，法国总统应邀参加了某位大富豪的晚宴。到场后一看，发现总统的席位竟然排在第16位。第一个席位是铁路工程师，第二个席位是文学家，第三是化学教授。有位来宾感到不解而询问其理由，主人回答说："这个席位的顺序是按照来者身份的重要程度来安排的。真正的重要人物，应该是一个非他莫属、别人无法替代的人。"也就是说，排在第一位的工程师，是一位拥有世界一流技术的人，谁也取代不了他。排在第二、第三位的也一样。而总统呢，别的人也完全可以做。（参照小原国芳编《例话大全集》，玉川大学出版部）

社会上流传着这样的轶事的本身，就让人感觉到"成人社会"的成熟。

我希望大家成为一个以"实质"而不是"虚名"去支撑社会的人。同时，也希望能创造出一个重视这种人才的社会来。

不管怎么说，人这一辈子总得生活下去，而生活就得有职业。这就是社会，是现实。选择什么样的职业，这是当事人的权利和自由。话虽这么说，可是在许许多多的行业当中，有不少职业是需要有相应的学历和能力才能胜任的。

基于家庭状况或个人意愿，有的人高中毕业就踏入社会，有的是大学毕业后才就业，还有人在家里帮忙或继承家业，有的人想担任公职，有的人想掌握一技之长。不论从事哪个行业，一切都是个人的自由选择。

"美、利、善"的工作

——这么说来，"选择职业的基准"应该是怎样的呢？

池田 石川琢木^(注5)有一首和歌，我在年轻时曾经抄录在"读书笔记"里："觅得我天职　身心愉悦事劳作　无憾终天命。"

这就是所谓的"天职"。

不过，一开始就能找到天职的人是非常罕见的。有时候，还会出现以父母亲为首的周围人的意见与自己的意愿相左的情况，这时候该如何是好呢？

户田先生曾经说过，选择职业的基准在于"价值论"当中。所谓价值论，是户田先生的老师牧口先生（牧口常三郎，创价学会首任会长）的哲学。户田先生终其一生贯彻了师徒之道。

讲起来也许有点深奥。这里所谓的价值，指的是"美、利、善"。简单地说来，"美的价值"就是指喜欢，"利的价值"就是指有所得，有收入，可以借此而生活。而"善的价值"，说的就是对人有所帮助，可以贡献社会。

因此户田先生说，"从事自己喜欢的、有利可图而又善的工作，无论对谁而言都是最理想的。"

——确实如此。

首先要成为"不可或缺的人"

池田 可是，一开始就能找到自己天职的人是极少的。

现实情况往往通常是，要么"虽然很喜欢，可是无法维持生计"，要么"收入不错，但不是我喜欢的工作"。另外，还有这样的情况：自己一直很喜欢、一直梦寐以求的职业，到头来发现竟然不是"适合自己的职业"。

不过，户田先生说，首先重要的是要成为自己所在岗位的"不可缺少的人"。即便是与自己的希望有出入，也不要唉声叹气，而要成为工作岗位上最优秀的人。如此一来，定会开辟出下一条路，继而展开下一阶段的努力。如此坚持不懈地努力下去，最后必定能找到符合"美、利、善"的工作。到时候回头一看，你可能就会明白：自己过去曾经付出的努力，全部都在自己的天职上得以发挥出来，没有一样是白费的。

"梦想改变了也没问题吗?"

——对未来所怀有的梦想中途发生了改变，结果朝着不同的方向去发展了，这样也没问题吗?

池田　那也没关系。如今活跃在社会舞台上的前辈们，就有不少人最初并不是立志于走现在这条道的。

我自己也曾经梦想当新闻记者，后来因为身体虚弱而未能实现。但时至今日，自己仍然进步到了文笔上绝不输给别人的地步。

我还曾经在一家小杂志社工作过，就因为规模小，吃了不少苦，但也因此而培养了实力。二次大战后我所就职的莆田工业会（为振兴大田区莆田周围的中小企业而设立于昭和二十一年）规模也不大，在吃苦受累过程中得以更充分地认识自己。那时候经历过的所有经验教训，都在成就今天的过程中发挥了很大作用。

所以说，重要的是，无论身处何处都要磨炼自己，培养自己的主体性。

我不希望大家是那种随随便便就草率地变换自己当初选定的工作，或经常在不安、不满中惶惶度日的人。但也绝不是反对大家对目前所从事的职业进行重新审视，判断其是否适合自己，以便对下一步的职业选择做出决断。但如果丧失了自己的主体性，而被潮流所左右，那就成问题了。

一走出到社会，就得挑战，就要定成败。就注定了这样一种宿命：必须适应所处的时代和环境，顽强地活下去。一棵树也不可能一天两天就长成大树。无论怎样的成功者，都不可能一年两年就功成名就，凡事可以窥一斑而知全豹。

应该努力"拥有一技之长"，在所处的岗位上成为备受信赖的人，在那儿散发光彩。

有时候，有些工作尽管一开始"不喜欢"，但一旦真正认真地做起来之后，慢慢会变得喜欢起来。正所谓"爱好生巧匠"，一旦喜欢起来，就连天分都会跟着增长的。重要的是，自己一旦认准了"这条路"，就要不屈不挠地坚持下去、贯彻到底，不要给自己留下一丝一毫的后悔。

在严酷的社会里，顽强而巧妙地取胜

日本的未来很严峻，千万别轻易认输、轻言放弃！

——有人说："无论如何，我还是希望进入有名的公司工作。"

池田　这是个人的自由。我只希望大家好好努力。

不过，日本现在也不景气，前景非常严峻，而且已经成为赤字大国，终身雇佣制也逐渐瓦解。过去一直人气很旺的"有名"以及个人的学历等，正日益变得不再吃香。可以说，已经是一个连有名的大公司也不知何时会倒闭的时代。所以，仅仅依靠进入"有名"的公司，其实还是保障不了自己。现在就是这样一种时代、这样一种社会。

那么，什么才重要呢？是"实力"。旺盛的求知欲、专业的能力、强韧的精神、灵活的头脑等等，包括上述这些在内的所有"能力"都要好好地磨炼。

只是大学毕业还不够，必须要终生学习。甚至有人这么说："再怎么理想的大学，在那里也不可能学到人一辈子所需要的东西的一成。"

此外，可能还有不少人无法上大学念书，或工作了之后重新回去读大学，还有的只能去接受创价大学等的函授教育。总之，大家必须要努力在"实力社会"中取胜。

"不用工作是一种幸福"？

——朋友当中好像有不少人抱有这种想法："如果情况允许的话，我不想工作"，"不喜欢那种辛苦、肮脏的工作，最好能有轻松的工作"，"暂时还不想工作，就上大学念书吧"。

同时，又有一些人是这么想的："工作我是不想干的，但为了赚钱没办法。我工作就是为了用赚来的这些钱去休闲、玩乐。"

池田 我无意否定这样的想法。不过，有这么一句话大家可以参考一下，那是高尔基（注6）的戏剧《谷底》里的台词："工作如果是快乐的话，那你的生活会丰富多彩！工作一旦变成了义务，那你一辈子就会像奴隶般度日！"（野崎韶夫译，收入《世界文学全集》44，筑摩书房）。根据如何看待占去一天中大半时间的工作的态度，人生将会有180度的截然不同。

美国已故的诺顿（注7）教授曾经说过，许多学生工作是为了赚钱，他们认为幸福就是可以用金钱来满足愿望。可是，欲望是无穷的，无论怎样都不可能满足。真正的幸福就在工作当中。通过工作建设好自己，充实自己，挖掘出蕴藏在自己身上的独特价值来，并将其分享给社会。工作是"为了获得创造价值（创价）的喜悦"。（归纳自《创价教育学体系》英文版解说）

教授说得挺好的不是吗？还有人说过：工作，就是使周围的人们变得幸福、快乐。那是一种感觉到自己有助于别人的喜悦。世上有一个需要自己的地方，这是人生的幸福。如果你是一个不需要工作的人，每天只是吃喝玩乐，那人生不就太无聊、太空虚了吗?

"尊贵的钱"和"邪恶的钱"

——也就是说,工作可以获得某种比"金钱"更重要的东西……

池田　是的! 既然领了薪水,那理所当然要工作。因为工作基本上就是一种利害关系的契约。

但是,只盯着薪水来干活而不愿意多努力是愚蠢的。何况大家都还很年轻,如果能有一种不怕吃亏,愿意"努力多做些超出薪水之外的工作"这样的心态说不定更好。这实际上会成为自己难得的一种修行。

努力劳作而获得报酬,这种以正当手段获取的金钱,不论金额大小都是尊贵的。不用说,薪水当然是多多益善。但同是 1 万日元,如果是用劳动的汗水换取得来的,那就有如黄金般珍贵;而如果是偷窃或以不正当手段得来的,则就如同粪土、瓦砾一般。

通过犯罪或侵占所取得的钱是不干净的。而且,"恶财留不住",最终不会有幸福。有不少人尽管当上了位高权重的大官,却因贪污渎职成为罪人而背负一辈子污名。

金钱会因人心的善恶不同,既可以成为尊贵的财富,也有可能变成邪恶之财。因人心的"一念之差",变成什么都有可能。

总而言之,为了美好的人生,为了美满家庭和幸福生活而拼命工作，做一个安分守己的社会人，在自己工作岗位上悠然而贤明地努力，进而在所处岗位上取得胜利，这是最幸福的。这才是人生的胜利者。

成为岗位上"受欢迎的人""值得信赖的人"

对人际关系感到不安

——有人担心："进了公司以后，人际关系没问题吗？我现在已经开始感到不安。"

池田 的确，在公司这样一个小社会里，必须巧妙而周到地处理好与上司、同僚之间的人际关系。如果太过于以自我为中心的话，会招人讨厌、受人排挤，最终成为公司、社会上的失败者。

"活得贤明"是职场上的一大要件。日莲大圣人也曾经教示："贤为人，愚为畜。"（《御书》1174 页）

社会从某个方面来看是充满矛盾的。既有污浊，也有险恶。千万不要想得太天真了，以致最后沦为社会的落后者。

一旦真的沦为落后者之后，则再怎么辩解也是徒劳的，输了就是输了。所以，要巧妙地奋勇游泳下去，绝不能中途溺亡了。

牧口先生曾说过世上有三种人，一是"备受欢迎的人"，二是"可有可无的人"，三是"最好不存在的人"。

希望大家都能成为"备受欢迎的人"。也就是成为在所在岗位上大家都喜欢的、广受大家信赖的人，不可忘记努力做好岗位上所担负的工作。这才是主张"本有常住"^{（注8）}的佛法信仰者正确的生活态度。

大家都活跃起来！"活跃"就是幸福

——有很多同学问起："我想为世界和平做出贡献，应该从事什么样的工作好呢？"

池田　立志要为人道、人权贡献自己绵薄之力，或遵循佛法教示尽力为他人造福，这是最值得赞赏的选择。

其实，也并非是"不从事这样的职业，就无法为和平做出贡献"。

我当然很希望大家能在联合国组织或青年海外协力队这样的地方工作，充分发挥自己的作用。但其实在另一方面，也有很多人作为一个家庭主妇，在现实中就日积月累地积极从事着和平运动。

我过去曾经会见过的（1995年12月）阿根廷人权活动家埃斯基维尔^{（注9）}博士是一位雕刻家。

而美国公民权运动之母罗莎·帕克斯^{（注10）}，之前曾是百货公司的店员。

以自己的工作、立场为荣，生活中坚定贯彻自己的人生态度和生活方式，这很重要。历史上有许多革命家，在革命的征途上丧失了生命，但他们为之奋斗终生的，无疑也是有意义的伟大事业。

总之，我希望大家能活跃在世界各国的各个领域。"活跃"是"幸福"的别名。要充分发挥自己的天分，让自己最大限度地尽可能发光发热，这才是生存的真正意义。

你们要在各自活跃的领域成为"一流的人才"，这就是迈向世界和平之道。

何谓国际人

到世界舞台去大展身手吧！"语学"和"哲学"是必备的武器

池田 今天也接着聊吧！今天的主题是"国际人"吧？

——是的。作为嘉宾，今天还请来了 SGI 的公认翻译（英语）到场。

SGI 公认翻译 请多多指教！

池田 是吗？请多多关照！说到"国际人"，大家是什么样一种印象呢？

——关于这一点，我曾经问过高中生们。

绝大多数人认为应该是"熟练掌握外语的人"。

其他的，则有人认为应该是"能结交世界各国的朋友""不把自己国家的感觉理所当然地看作是整个世界的常识""能跳出日本这个局限、拥有国际性的视野"。

另外，还有人认为，国际人应该是"从事与世界紧密联系的国际性事务的人""拥有自己的主张，却又能平等、客观地看待事物的人"等等。

优良的人格是"国际人"的必要条件

受世界尊敬的"创价的人生"

池田 大家都挺有自己的想法嘛。而且我觉得说得都挺正确。在此我想强调的是，作为创价学会的会员一直在为世界和平而积极奔走的、你们各位的父母亲们，他们才是"国际人"。

你们的父母每天为全人类的幸福而认真地祈祷，完全摈弃了自私自利的利己主义，为造福于他人而致力于各类公益活动，在每天忙碌的生活当中，仍然勉力于学习佛法的伟大哲理。他们这些人，才是"受世界尊敬的人"。即便他们一次也没出过国，但他们这样的生活态度和方式，才是"可以通向世界的国际性生活态度和方式"。

SGI 广泛地受到来自世界各地人们的高度赞赏，这就是最好的证明。

——池田先生在世界上获得了为数众多的"大奖""表彰"和"名誉博士号"等等，也证明了这一点吧？

池田 我实际上是"代表"各位的父母亲们来接受这种荣誉的。所以说，这与大家的爸爸、妈妈赢得赞誉具有同样的意义。世人高度赞赏的是各位的父母呀。

SGI 公认翻译　我也到过世界上很多国家，各地对 SGI 抱有的期待，令我感到很惊讶。

1996 年，我作为青年部交流团的一员前往印度，在拜会位于西孟加拉省的联合国协会世界联盟的哈利姆会长时，联盟的一位人士突然对我说："我经常津津有味地阅读池田会长给联合国提出的倡言。今天就让我们就会长的倡言一起进行讨论吧。"还说要向我请教"SGI 会长的哲学理念"。因该提议事出突然而日程里并没有安排，着实让我大吃了一惊。（1997 年 9 月，该协会因赞赏 SGI 会长"为支持联合国和推进世界和平做出了难以估量的贡献"而进行了"特别表彰"）

——世界的未来应该何去何从？对此抱有责任感的人，应该最能理解怀着同样的信念和责任感而认真地奋斗的人。

池田　你们的父母亲和前辈们既不求名求利，也不贪图安逸，而始终如一地贯彻自己的信念，为实现"自己和他人皆得幸福"的人生目标而奋斗至今。这就是作为一个人的最美好的人生。"作为一个人"这一点很重要。"作为一个人"应具备的优良人格，才是"国际人"的必要条件。

——如果"作为一个人"，只顾过着狭隘而自私的生活，则无论其英语说得再怎么棒，也不可能通行于世界，说不定反而会遭人瞧不起。

"为了他人""为了社会"

池田 语言固然很重要，但终究只是手段而已，关键问题在于运用语言来"做什么"。

日本人常常被人诟病"志愿者精神和意识淡薄"。可是，这是要不得的。

首先，这会导致在国际上得不到信赖。其次，这会使自己变得小气狭隘而缺乏勃勃生气。"为了他人""为了社会"的服务精神，这是作为人的基本。

当今的日本欠缺这样的教育，而在座各位的爸爸、妈妈们长期以来身体力行于此，实在是令人尊敬。

——也就是说，就算是要成为"国际人"，最基本的仍然在于磨炼"作为一个人"的自己，对吧？

池田 我在英国时曾经听过这样的说法，"当炸弹落下时，英国人往往会担心是否有人受伤而尽快赶往现场，而日本人则是尽快逃离现场"。另外还有人说"日本人一般靠传言来判断事情，而外国的绅士一定要眼见为实"。

日本人就好像"没有自我"似的，往往不是用自己的眼睛去看、用自己的脑袋去思考、依照自己的信念去行动，总是在意别人的看法，注重外在的形象，过于在乎与对方的上下级关系。

SGI 公认翻译 我听一位曾经赴任日本的外交官说过，他最受不了日本人一听到他的头衔，态度就马上会来个大转变。

他原本想为了能够跟人"进行真心的交流"，一到周末，就刻意以一副很普通的着装打扮，很休闲地去钓鱼、上小馆子吃饭什么的。当然，也绝对不向对方透露自己的身份。

有一次，在餐厅里吃饭，跟旁边的日本人海阔天空地聊了很多。用完餐后，对方执意非要交换名片不可，实在没办法，他只好向对方递过去名片。谁知道，那日本人看了之后差点要跪下来似地不停地赔不是。那外交官感到非常吃惊，同时心里感到有点悲哀，深深地感叹"日本缺乏真正的教育"。

——这真是个典型的事例呀。

六千人的生命的签证

池田 日本的确应该要成为在人道上更为开放的国家才行。

第二次世界大战时，帮助了众多犹太人的杉原千畝（1900—1986 年）的事迹广为人知。在纳粹进行大屠杀的 1940 年，杉原正在立陶宛的日本领事馆担任代理领事。当时有很多从波兰逃出的犹太人来向他求援，希望能申请获得过境日本逃往第三国的"过境签证"。

可是，他向日本外务省请示了三次，得到的回复都是"不准签发签证"。杉原非常苦恼，后来他终于决定了下来。"对于来求助的人，我决不能见死不救，否则就违背了神的旨意。"（杉原幸子《六千人的生命的签证》，大正出版）。于是，他无视外务省的训令，为求援者们发放了签证。由于他的这一举动，约六千人的生命得以挽救了下来。（他的这一行为，在

战后被视为"违反训令"而被迫离职，直到1991年，才由外务省重新恢复名誉）

夫人杉原幸子是这么来回忆当时的情景的。

"无论哪个民族，人的生命都是一样的尊贵。丈夫当时怀抱的是这样一种信念：对于求助的人，若自己明明可以搭救却不肯伸出援手，那绝不是人所应该做的事。"她接着还说道："现在的日本，正迎来了生活优裕的好时代。但我希望大家不要自顾陶醉于此，应该放眼世界。如果年轻人都只会玩乐，那日本在不久的将来就一定会走下坡路"。（摘引自《圣教新闻》1991年12月15日的"周日采访栏目"）

对欧洲有"自卑感"，对亚洲有"优越感"

——的确说得有道理。为什么多数日本人总是不能敞开心胸呢？我想，这是教育出了问题。

另外，明治以来，日本人就一直苦恼于"对欧洲的自卑感"，从而导致变成了一种对亚洲、非洲人抱有"优越意识"的扭曲心态。其结果，导致了与任何国家都无法以对等的心态来进行交往。

池田　关于这点，有各种各样的观点，恕不详加论述。在此我只想引用托尔斯泰（注11）的一段话。他是这么说的："那些不承认宗教的人们，其宗教就是服从有力的、大多数人所做的一切，简单说来，就是服从现行权力的宗教。"（《我的信仰在何处？》，中村融译，收于《托尔斯泰全集》15，河出书房

新社)

这里所说的"宗教"，可以理解为广义上的"哲学"。

所谓哲学，就是贯彻"正确的就是正确的"这种坚强信念

哲学很深奥？

池田 说到哲学，或许有点深奥难懂。其实就是坚持"唯有这点绝不能退让"这么一种信念。我的恩师户田先生所作"哲学的定义"就非常有名。

"所谓'哲学'，其实并不是像西洋哲学里所说笛卡尔、康德那样的复杂深奥的东西。有人说自己没上过大学，所以不懂哲学。其实，所谓'从事哲学'，就是思考问题。

最简单的哲学，就包含在水户光国（水户黄门）的游记里。有这么一段，当他在乡下向一位老太婆讨水喝，一屁股坐在了米堆上时，老太婆很生气地斥责他说：这可是给水户大人的米呀。光国连忙低头赔不是。

这故事听上去似乎有点滑稽，但在老太婆看来，自己生产的米，是要献给领主的，这就是她的哲学。'不管是谁，也不管他怎么说，唯有这一点是绝不能退让的'，这就是哲学"（《户田城圣全集》4）。

户田先生也是这样，即使被军部权力逮捕并投入了监狱，也仍然要坚持"唯有这一点绝不能让步"，而将和平的理念贯

彻到底。牧口先生也是如此。时至今日，他们两人那种坚持信念至死不渝的行动，受到了来自全世界的尊敬。牧口先生也好，户田先生也好，都不曾踏出过日本国门一步，可是早在90多年以前，牧口先生就声称自己是一个"世界公民"。户田先生也提出了"地球民族主义"主张，总是把眼光放大，关注全亚洲乃至全世界的未来。

　　总而言之，能够不拘泥于是日本人还是外国人，而是从同为一个人的角度出发，与世界各地的人们进行心灵沟通、同甘共苦，这才是真正的"国际人"不是吗？

　　——好像觉得过去一直是有点模糊的"国际人"，现在突然变得亲近、清晰起来了。以前对此一直抱有一种英语流利、外向活泼、光鲜靓丽……这样一种印象。仔细想想也是，无论外语能力有多么强，如果只会用来欺负别国的人，那又有什么可取的呢。

　　池田　作为国际人，重要的是要"遵守承诺"。有人说"日本人呀，即使在别的国家许下了承诺，往往回到日本，一下飞机就会忘得一干二净。"这样是无法赢得他人信赖的。

　　——池田先生赢得了来自海外众多的"信赖"和"友谊"，我想这就是坚定地信守所许下的每一个承诺的结果。

　　池田　是友情。外国人远比我们日本人想象的要重视"友情"。"友情"可以说是一个坚强的后盾。

　　不背叛友情的人，善于缔结友情的人，这是国际人的必备条件。

也许在各位当中，有人会认为"自己英语又不行，国际人什么的跟我没什么关系"。可是现实情况是，无论我们是否愿意，21世纪，这个大家正在生活着的时代，将急速地向着"世界一体化"迈进。

我在与埃及总统穆巴拉克会面时，他曾经这么说过："波兰总统有句话说得很好：就连一盒火柴，也不能单凭一个国家之力就能制造出来。从用于火柴棒的木头，到硫黄、盒子、黏胶等，得依靠多个国家互相协作，才能完成一样东西。"（1992年6月18日《圣教新闻》）

后来，我与波兰总统瓦文萨（当时）也会过面。

当今世界就是这样，"物品的国际交流"正以迅猛的势头成为现实，以因特网为首的"资讯国际交流"也有突飞猛进的发展。

因此，为了将这一切都引导向和平方向去发展，"心的国际交流"绝对是有必要的。正是为了达到这一目的，SGI在全世界范围展开了和平、文化、教育的运动。

——这些都是符合世界的需求和期待的，所以才赢得了世人的赞许吧。反观日本社会，在对创价学会开展运动的实态也不做亲自调查研究，而一味盲目地攻击、批判，我想这恰好显示出日本社会在"国际化"方面的落后程度。

池田 因此，重要的还是"语言能力"。正因为大家都是怀有世界性哲学理念的人，要想纵情活跃在世界舞台上，"语言能力"尤为重要。

学语言不能太被动，秘诀在于"集中精神"

学语言——现在的条件，学多少都是有可能的

池田　我至今访问过 50 多个国家，与各国友人结下了深厚的友谊。

如果要问我"最后悔的是什么？"那就是每当与各国著名人士对谈时，我总会想到"如果我精通语言，那该有多好呀"。

实际上，我年轻的时候也曾经感到学外语的必要性，而立志要学好英语。但因当时正值战争期间，作为"敌国语言"连使用都是不允许的。到了战后，我又患上了肺病。户田先生的事业也遭受了失败。我当时骨瘦如柴，连饭也吃不饱，甚至还吐血。但我仍然废寝忘食地奔走，一心要重振恩师的事业。

为了弥补我因此而无法念大学的遗憾，户田先生决定亲自为我授课。他十年如一日，每天早上都按时教授给我各方面的知识。他掌握了数学以及其他多门学问的核心、要义，但就连如此天才般的恩师，英语也不太拿手。属于会将"Station"（车站）解释为"停车场"的明治时代的人。

我还曾经请过英语家教，但那位家教老师一心只想着赚钱，根本没心思好好教课。最终由于事务繁忙，只好依赖翻译人员了。

在这一点上，在座各位现在的环境就好多了。只要想学，学多少都是有可能的，就看大家的努力程度了。

SGI 公认翻译 我经常有机会在高中部、初中部的集会上发言。

每当问到大家"喜欢英语吗"的时候，回答喜欢的人总是稀稀落落……而当问到"有讨厌英语的吗"，则大家都说"是"。（笑）

池田 你是创价大学毕业的，后来还去了亚利桑那大学留学对吧？

SGI 公认翻译 是的。

池田 你是如何学习英语的呢？为了学弟学妹们，告诉给他们一些"秘诀"吧！

SGI 公认翻译 好的。不过，我自己作为一个翻译人员，能力和水平还远远不够，现在还在努力"学习"当中呢……

池田 你喜欢上英语的机缘是什么呢？

SGI 公认翻译 我的机缘是从音乐开始的。我以前总是一遍一遍地反复听披头士的唱片，还用收音机收听 FEN（美军远东广播电台）的英语广播。当时讲的是什么内容基本上都听不明白。（笑）听着听着，就发现跟在学校里学的发音有点不太一样。于是，对照着歌词一边听一边还跟着学唱。

学校的教科书也经常朗读，熟读到几乎都能背下来的程度。我觉得发声朗读还是挺有效的。那时候学校里每周还有单词测验，因此也增加了不少词汇。其实，词汇量的平时积累是很重要的。

上了大学之后，我仍然坚持收听 FEN 电台的短篇新闻，并做适当的听写练习。记得学长曾鼓励我"一遍一遍地反复听，听了一百遍还听不懂的话就可以放弃了"。另外，还经常去看外国电影，一般是早上就开始去看，同一部片子要看三遍。我感觉到通常看到第三次的时候，即使不看字幕也大致能听懂意思了……（笑）。现在有录像看了，可真是好呀。

进步的秘诀

——话虽这么说，但毕竟是我们平常不怎么使用的外语。要想学好，有没有什么秘诀呢？

SGI 公认翻译　我认为必须要专门集中全力来密集学习一段时间，而且要拼命地努力，直到自己开窍为止。被动或消极散漫的学习态度是很难学好的。

比如说，大家不妨下定决心，试着认真地阅读一些自己比较熟悉内容的外文小说。如《星星王子》《桃太郎》等。或者看看电影录像也行。总之，先从自己有兴趣的方面开始着手。

——作为一个目标，大概要投入多长时间才有效果呢？

SGI 公认翻译　这就因人而异了。但都一定会有一个"开始有感觉"的瞬间。而在那一瞬间到来之前，一定要耐心不懈地坚持努力。婴儿到了某个时候，突然就会开口说话了。和这个道理是一样的。

虽然有各种各样的教材，但不要三心二意，一旦选定了某种教材，就一定要努力学习到熟练掌握为止。

——也有人说，如果怎么也赶不上上课进度的话，就把中学的英语教科书全背下来。据说这样也会大有长进。

池田 可不能输给那种一开始就认定自己没天分的"悲观意识"呀。学语言不需要什么特殊才能，你看大家现在不是日语都说得挺好的吗？（笑）首先要信心十足地肯定"我一定能学好！"然后一步一步地努力挑战下去。

关于留学

——认为"到了海外，就可以掌握外语"而打算要赴海外留学的同学越来越多。我经常被问到："是不是高中阶段就应该出国留学呢？"

池田 出国到海外，扩大自己的视野，这应该是很有意义的。我不反对出国留学。但如果缺乏一种"为什么而去"的明确目的观，就很容易迷失方向。只是跟风赶时髦，凭着一时的兴致而去的话，势必很难持久，最终将半途而终、不上不下。所以，绝不能想得太简单了，也没必要太着急。

"学校英语"没什么用？

——很多人都说，现在学的这种"学校英语"没什么用。

SGI 公认翻译 我自己在留学之前也是这么想的，可这真是大错特错了。在日本国内时若没有掌握好文法基础等等，即使去到了外国当地，也很难学好标准的英语。出国留学，的确可以掌握日常的会话能力，但很难再有所提升。若只是这样程度的话，在日本国内学习就绰绰有余了。

"心领神会"在海外行不通

——那么，尽管说了这么多，有些人依然"对学外语还是没兴趣"（笑）……这样的人应该怎么办好呢？

池田　这可真是个大难题呀。在国外，"心领神会"可行不通。指望别人"应该能够理解我吧"是不行的，必须要明确地把话说清楚。

不过，实在是怎么也不喜欢外语的话，人与人之间还可以有语言之外的交流、沟通方式。

例如，音乐、艺术也可以，还有运动，都是可以交流的吧。就连"数学"，也是"世界语"。另外还可以凭借着掌握了某项技术，而受到别人的尊敬。总而言之，为了使自己能够成为"通向世界的人"，一定要掌握某种武器。

我的愿望就是，大家都能尽情地活跃在全世界舞台上。

然而，事情总要有个先后顺序。阅读小说，也必须一页一页地按顺序往下读，才能了解故事内容。同样道理，大家现在还是处于奠定基础的时候。

因此，我想向大家强调：目前应该培养自己"宽广的心胸"，并努力去挑战"外语学习"。

何谓性格

人心若诚，则性格必然向善

池田 这次的主题是"个性"对吧？

这是人生的一个大问题。有句话说："性格决定命运。"每个人都会为自己的性格而烦恼，有烦恼才会有进步。

但话说回来，光是烦恼是改变不了任何东西的，这也是个现实。人类就是这样，科学已经进步到如此程度，但人类对"自己"却仍然是束手无策。

——有同学很苦恼地说："妈妈说我的性格里有跟爸爸的性格缺点相似的地方，我怎样才能改变过来呢？"

人的性格方面，有外向的和内向的，也有比较冷静的、暴躁易怒的、容易喜新厌旧的、有耐性的等各种各样的类型。这些性格难道就改变不了吗？

樱花是樱花，梅花是梅花，各有各的价值

池田 基本上，佛法是认为"本性难移"的。

人的性格有多种多样。佛法中所讲的"世间"一词，除了指社会、人世间之外，实际上还包含有"差别"的意思。各种各样不同性格的人聚集在一起，这就是社会。

用来形容和表现性格特征的词语也很多，据说英语里就多达18000个，还有的把性格分成了几种基本性格类型。

性格虽然"各式各样、因人而异"，但其原理与"樱梅桃李"是一样的。正如樱是樱、梅是梅、桃是桃、李是李，各有千秋，各人有各人的价值。绝对没有什么性格太内向不好、性格过于急躁不行这样一种道理。自己保持自己的风格，以自己的生活方式生活下去就行。佛法就是以引导人们朝这方面去努力为目的的。

幸与不幸，取决于自己生活的"内容"

——也就是说，尽管"性格很难改变"，但性格中好的方面会逐渐凸显出来？

池田　例如，有一条河流。在某一个固定的地方，河流的宽度是不会改变的。同样的道理，一个人的性格本身也是不会改变的。但是，"质"却会千差万别、各有不同，或深或浅，或清或浊，或鱼多鱼少，其"内容"不一样。

人生也是如此。幸福与否不在于性格如何，而取决于你是如何生存的这样一种生活的"内容"。为使人生存的"内容"变得更加美满，就需要佛法，需要教育，需要做各种各样的努力，不断向上和进步。

——也就是说，不是把自己这条河流改变成另外一条河，但是通过努力，混浊的水可以变得清澈，变成一条有许多鱼儿欢快悠然地畅游于其中的河……对吧？

池田 正是如此。河流虽然蜿蜒流去，但绝不会堵塞不前，这就是大自然。人的性格也一样，尽管会有些曲折，但只要努力，则必定会往好的方向发展。所以，要锲而不舍地不断向前流去。

无论是谁，都不可能有什么"完美的性格"。每个人都无一例外地因某种"宿业"而只能是个"有缺陷"的人。性格方面存在点缺陷也非常正常。但如果纠结、拘泥于此，变得厌恶自己、看低自己而妨碍了自己的进步，那就未免太愚蠢了。

"情绪过于激烈"
——有同学苦恼于"自己情绪往往过于激烈，常给周围朋友添麻烦"。

池田 在当今这个缺乏感动的时代里，"情绪激烈"很难能可贵呀（笑）。年轻人嘛，情绪激烈一些正好。

善于与人协调固然很重要，但如果一味地迎合周围而压抑自己感情，那是不幸的。要想走好今后充满惊涛骇浪而波澜壮阔的人生道路，性格率真而情绪激烈一点反而正好呢。另外，正因为自己感情强烈，往往会变得更容易理解别人的感情。总而言之，没有说感情激烈就不行的道理。

但话说回来，如果是只顾强调自己的感情而不惜伤害别人的这样一种情绪激烈，那可就危险了。就好比时速超过几百公里的车子，必须要配备好相应的刹车系统才行。

自己应该控制好自己，充分调动其顽强的生命力。只要自己能够控制好自己，情绪激烈的性格就会化为强盛的前进动力，成为一种正义感，变成一种守护他人的善的激烈能量。

人生是向自我挑战，是进步与退步的斗争

"凡事难以坚持到底，经常半途而废"

——有些人说："自己做事情往往只做到一半就满足或放弃不干了，很难认真地坚持下去。总是喜欢逃避困难而专挑些轻松愉快的事来做。"这样的人该怎么办呢？

池田　如果是自己都如此清楚自己的这一弱点，那就好办了呀。(笑)

人往往都是意志薄弱的，好逸恶劳是人的本性。

那些被称为伟人的人，也并不是一开始就很伟大，他们也是不断地鞭策软弱的自己，鞭策自己克服惰性，最终取得了人生的胜利。

人生，就是与自我的挑战，是进步与退步、幸福与不幸的不断斗争。应该要不断地祈求自己"成为意志坚强的人""成为能够认真面对困难、勇于挑战难题的人"。

大家不妨尝试从身边的某一件事做起，无论什么事都行，竭尽全力去挑战到底，直到自己满意为止。这样跨出的"第一步"，自然就会开启出新的下一步来。

因克服不了自身的"懒惰毛病"而厌恶自己

——有人反映说:"已经意识到自己的懒惰而决心要改,但在不知不觉当中很快又会故态萌发,对此自己心里很清楚,也很厌恶自己。"

池田 其实谁都一样,即使下定了决心,随着时间的推移也会有所动摇、淡忘,并不是只有你这样。那就再下一次决心好啦,可以一次次不断地重复,百折不挠嘛。

能意识到自己"正在懈怠",这本身就是你正在成长的证明。千万不要发现"自己不行"就放弃努力,而是每当发觉自己不行的时候,就再痛下决心。

决心慢慢淡忘了、动摇了,这很正常,没什么不可以的。但因为动摇了就觉得自己不行了而就此作罢,这可就要不得了。

因"沉默寡言"而受孤立

——"因为沉默寡言,被人认为个性过于阴沉、孤僻,在大多数人群中往往受到孤立。"这样的人该怎么办呢?

池田 如果不爱说话,那就当个忠实的"好听众"吧。告诉对方:"让我好好听听你说吧。"就行了。

为了给对方好印象而勉强自己说话,那是很痛苦的。就保持原来本色的自己就好了。没必要逞强,把自己的优点缺点都原原本本地展现出来让对方了解。

有些人喜欢高谈阔论一些并无实质内容的话(笑),相比之下，有时候还不如少说话更来得有深度一些。能踏踏实实地办好该做的事情，要比那些嘴上光说漂亮话的人值得信赖。所以，问题不在于话的多寡，而在于"心灵"是否丰裕。心灵丰裕的人即使话不多，有时一个灿烂的笑容、一举手、一投足，都胜过千言万语。有的人，往往在紧要关头"不鸣则已，一鸣惊人"，反而能提出宝贵的意见来。

佛法教导"以声成佛事"（《御书》400页等），说的是以声音来成就"佛的事业"。拥有信仰的人，本质上就是人类中最优秀的雄辩师。只要把自己心中想说的话，通过祈祷尽情地倾诉、祈求就行。

再就是，要常为他人祈求幸福。自然而然地，自己就会变得能自如地把该说的都用语言表达出来。

性格上属于"喜欢记仇"的类型，凡事总是久久不能释怀

——"喜欢记仇，稍有不愉快的事，总会一直放在心上久久不能释怀。"这种性格类型的人又该如何呢？

池田　个性豪爽并不一定就好，对于"恶"的东西就必须要"记仇"。日本似乎认为"既往不咎"是一种美德，但这样的社会不仅不会进步，还会让错误重蹈覆辙。拥有"执着"、耐力，将对恶的愤怒"谨记在心"，并为此抗争且贯彻到底的人，反而能完成有利于大众的变革。对待人生的目标，也应该以鬼神般的执着去不屈不挠地奋斗。

重要的是，要锻炼自己成为一个能够宏观地把握大局，

而不只是站在"小我"的自私立场上看待问题的人。要祈求自己成为拥有蓝天般宽广胸怀的人。为他人祈祷时也不要回避自己最讨厌的人、最看不惯的事，企图逃避自己不喜欢的人和事才会痛苦。只要不逃避，无论经历什么样的事情，都将会使自己更加丰富。

任何人都是有缺陷的，哪怕是前进一步也好

"只看到自己的缺点"

——有人问："我总是只看到自己的缺点，怎样才能发现自己的优点呢？"

池田 愈是严于律己的人，愈会这么想。能这么想，本身就说明这人有个认真的好性格。

有时自己反而很难了解自己。《御书》也有提到："近如睫毛，远如宇宙，人无法得见。"（"睫毛之近及虚空之远均不能见也。"《御书》1491 页）

大家不妨坦率地向了解自己的朋友、父母或兄弟姐妹直接请教："我应该在哪些方面再下点功夫呢？"你一定会有某方面优点的。

尽是缺点的人是不存在的，尽是优点的人同样也不存在。因此，只要充分发挥自己的长处就好，这样一来，短处自然就会隐藏起来的。

如遇到别人指出自己的短处，切勿恼羞成怒，最好是虚

心地听取、接受，这将有益而无害。一旦出到社会，就很难有人这样来提醒自己了。

多进行克服胆小怕事毛病的"自我训练"

——"总是在担心别人对自己怎么看""明知没有人看，却总是心虚""缺乏自信，有时候甚至会变成'被害妄想'，总觉得别人在谈论自己"，这样的人也不少呢。

池田　胆小怕事，往好处说就是敏感、细腻。

大家知道埃莉诺·罗斯福^(注12)女士吧？她是罗斯福总统的夫人，美国最受尊敬的女性之一。据说她在少女时期，胆小内向到近乎病态，且无法克制自己，精神濒临崩溃。（埃莉诺·罗斯福《关于生存的姿态》，佐藤佐智子、伊藤百合子译，大和书房。以下均为引用、参照同书）

后来，是通过自我训练才康复的。那是怎样一种训练呢？其实，内向的人经常受到"自我恐惧心理"的影响，所以，她努力去尝试"解放"自己的心情。

具体方法是，首先"不要去考虑给人以好印象，也不要纠结于别人会怎么看待自己"。也就是说，努力做到"不要尽考虑自己的事，多去想想别人的事"。

其次呢，"全神贯注于自己有兴趣的或最想做的事"。事实上，别的人并没有我们想象中那么在意自己。有的时候倒不如说是"自己对自己的过分在意"使得自己萎缩了。所以，她进行了一种尽量"把自己忘记"的训练。

第三，是始终保持一种"追求冒险心和各种体验的心态"。由于一心沉浸在"欲探求人生"精神状态中，终于可以忘却别人对自己的在意而奋勇前进。

就在这种反复不断的自我训练过程中，罗斯福夫人逐渐建立了自信。自那以后不久，她推动促成了《世界人权宣言》，还成就了许多留名青史的事情，度过了受人爱戴的人生。

要想"认识自己"，唯有行动

池田 重要的是要跨出那"一步"。只要痛下决心，首先克服掉那小小的恐惧，由此就会产生出挑战下一步的勇气来。

要确定下一个目标，无论该目标是大是小，朝着目标去努力。跟努力同样重要的，是认真和诚实的态度。绝不可抱着开玩笑的心态。认真、诚实之心定会绽放光芒，这种如钻石般的光芒可以打动人心，因为心灵之火焰在燃烧。只要待人诚恳，就能获得别人的理解，性格就会朝着好的方向升华下去。过于在乎外在的东西是愚蠢的。

歌德^(注13)说过："如何才能认识自己呢？只凭观察是绝对办不到的，而通过行动则有可能。不妨试着去尽自己的义务，你一定马上就会了解自己是个怎样的人。"(《箴言与反省》，岩崎英二郎、关楠生译，收于《歌德全集》13，潮出版社)

要行动，要跨出一大步。在朝着目标横跨汪洋大海之前，不要在陆地上踌躇犹豫，而应该朝着远处的目标立刻进入行动。开始了行动之后的反省可以发挥作用，但进入行动之前那种观念性的反省是无助于事的。

很想拥有一颗"包容之心"

——有些人"只会注意别人的缺点",这样的人应该怎么做呢?

池田 多观察别人的优点,对自己有好处,而总是议论别人的缺点,对自己是没有任何益处的。要想获得这样一种宽大的包容之心,就应该为朋友的幸福而祈求,哪怕是一点一滴也好。慢慢地,自己就会变得越来越有包容力了。

我想,另外还会有各种各样性格方面的烦恼。既然会因此而烦恼,这本身就证明了你还可以往好的方向去改变。等长成大人之后,或许觉得没什么指望了而放弃,会不再为此而烦恼,但同时也不会再有进步了。

人只要在前进、在成长,就必定会有烦恼、有迷惘。就连户田先生也说过:"我就曾经为了克服自己的自卑感而做过很多努力。"不努力是不可能达成自我完善的,坚持不懈地不断努力,就一定会涌现出力量和勇气来。

性格由遗传所决定?

——性格是由遗传决定的呢?还是跟环境有关?或者是两者都有关系?

池田 应该两者都有影响吧。关于这方面,也有许多各种各样的研究。但我认为,最根本的,还在于"自己的人生自己创造"。

性格（character）一词，来源于希腊语的"雕刻""印象"，是"雕刻而成之物"。性格也好，体质也好，从医学的角度来看，说不定都有遗传上无法改变的部分。

但是，并不是明白了这一点就可以有什么作为。在现实生活当中，我们如何能够天天向上，这才是关键的问题所在。

佛法讲"现当二世"，现在和未来很重要。"由现在向未来"，不断地进行自我挑战，这就是佛法的信仰。

关于性格，心理学上也有各种各样的看法。其中之一，就是将人最基本的本性看作同心圆的中心，第一层外圈是幼年期养成的基本性格，第二层外圈是由习惯形成的性格，第三层外圈是为了适应某种环境而形成的性格。

——也有人把它看作"层"级构造加以说明，最下层是与生俱来的"气质"，在其之上是幼年期养成的基本性格……

池田 不论表现方式如何，越是接近性格"根干"的部分，越不容易改变，而其他部分有时候则有可能变得甚至让人有"判若两人"之感。

总而言之，要忠实于自己，顽强地生存下去，除此之外别无他法。人就是应该始终如一地贯彻自己的生活态度和理念，同时为社会做出贡献。教育就是要培育这样的人，信仰可以为这样的人提供养分。

——也就是说，有了明确的目标，又能充分发挥自己性格优势，就会散发出独特的人格魅力。

甘地也曾经因自己的内向性格而苦恼不堪

池田 人活在世上，只要朝着"美""利""善"的大目标去努力，就能拥有美好的人生。

印度的独立之父甘地就是最好的例子。

据说他少年时极为胆小害羞，晚上睡觉时怕鬼、怕小偷，又怕蛇进房间，一定要点灯才睡得着。胆小如鼠的他，总是被欺负，他也对自己的性格感到困扰，且持续了好多年。（参照 K. 克里帕拉尼编《别抵抗，别屈服》，古贺胜郎译，朝日新闻社）

——印象中的甘地那么无所畏惧、勇往直前，实在难以想象呀。

池田 不过，我在此要为甘地辩解一下，据说他少年时就很有正义感，疾恶如仇。

有一次，英国督学到学校视察，要大家写出英文"kettle"（水壶），但甘地拼错了字母。老师发现他的错误，使眼色暗示他抄邻座同学的答案。但甘地的脑子里根本没有作弊的念头，结果，全班只有他一个人拼错了。（M.K.Gandhi, The Story of My Experiments with Truth, Dover Publications, 1983）

——他那近乎"顽固不化"的正义感，一辈子都没有改变呀。

池田 不过，即使后来当上了律师，他还是改不了胆小的个性。好不容易接到了第一宗案子，轮到自己质询对方证人时，甘地竟紧张得"头昏眼花，仿佛整个法庭在动摇，完全忘了该说的话"，而狼狈地步出法庭。

到访南非共和国的时候使他迎来了人生的一个转机。当地印度人倍受歧视，甘地有切身之痛。某次他坐在火车头等车厢，一位白人找来站务员，命令他到货物车厢去。甘地不听从，于是被赶下火车。之后，他在车站阴暗的候车室内，甚至见到白人都感到害怕。他彻夜苦思，"是要回印度呢？还是咬紧牙关忍耐下来，为人权而奋战？"

甘地以为，舍下同样受到歧视的人落荒而逃，是卑鄙的行为。就在他立定目标"要拯救受歧视的人们"的那一刻起，也就是他向自己软弱的性格宣战的开始。结果，他在南非一留就是 20 年，为印度人争取到了应有的权利。后来，回到了印度，以"非暴力"的方式实现了祖国的独立，举世闻名。（《律师时代的事情》，参照自 K. 克里帕拉尼《甘地的生涯别》，森本达雄译，第三文明社）

让个性散发光辉的"人性革命的佛法"

池田　甘地曾在某一场合说过："人可以成为自己'想成为'的人。"这就是一念的力量。佛法讲究一念三千^(注14)。因此，绝不能贬低自己，依"自体观照"的法理，自己的个性一定会充分发挥、伸展、辉耀，为此需要生命力。生命力如果强盛的话，自己的性格会往好的方向去发挥。

正如大自然中一条条不同的河流，总是朝着海洋不分昼夜地向前流去。只要不停地向前流去，总有一天必定会到达

"自他皆幸福"的大海。我们应该欣赏周围的人们的个性，并促使其充分发挥应有的作用，同时自己也充分发挥自己所长，以成就广阔的人生。

重要的是，要竭尽所能去完成自己能做的事，看看自己究竟能做到什么样的程度。其结果，一定会让你们自己大吃一惊的。可以说，各位就是拥有这样一种足以让自己惊讶不已的无限的潜力。

何谓温柔和善

温柔和善的人往往是强者，而这样的人才是"优秀的人"

——今天的主题是"温柔和善"。

在各式各样的调查当中，当问及"喜欢什么样的人"时，不论男女，多数人都回答"温柔和善的人"。而当问到"想成为什么样的人"时，也是有很多人回答说"想成为温柔和善的人"。

"保持适当距离"就是温柔？

——话虽如此，什么样的人才是"温柔和善的人"？对这一点大家都说得不太清楚，这也是事实。有的人把保持适当距离，不互相伤害到彼此当成一种温柔。

前几天听一位朋友说起，有人因不想工作而把自己关在家里，没想到朋友竟然说："就别去打扰他吧！这是我们能为他做的最温柔和善的事。"我惊讶地说："不对吧？不去鼓励他、关心他，怎么能说是温柔和善呢？"

温柔和善，是最"富有人性"的人格

池田 的确，一般人既渴望受到亲切对待，却又不想和别人太过于亲近，这两种应该都是人们的真实心情，可以理解。

所谓的温柔，是"心"的问题，"心"虽看不见，却很微妙、细腻。

因此，如问道"什么是温柔"？没有人能用一句话来解释得清楚。可见这是个大问题。就像无法以一句话回答清楚什么是人这个问题一样。

有人这么解释，温柔在日语中写成"優"，也就是"人"子旁加一个"憂"，意思是为人"担忧"，也就是说，有一颗能体贴别人的哀伤、痛苦、寂寞的心，就是温柔。

另外，这个字同时又是优秀的"優"，因此也可解释为：温柔和善的人是能体贴人、理解人的人，作为一个人是优秀的，是真正的"优等生"。因此可以说，温柔和善是一种最有人情味的生活态度和人格。

难以忘怀的相遇

池田　我在十二三岁的时候，曾经送过报纸。因那时候身体很弱，一是想把身体锻炼得健康一些，另外还想把当兵赴战场的哥哥应挣的那份钱也挣回来，尽量多帮补一些家里的生计，于是开始了送报。

因我自己家里是开海苔店的，所以一大早还得在店里帮忙，等店里工作结束之后才开始去送报。往往出门时天未破晓，整个街道都还在沉睡。尤其到了冬天，每当骑着脚踏车迎着寒风而去时，呼出的气息发白，手指冻得隐隐作痛。

送报所去到的人家也有各种各样的。多数人家都没有照过面，即使打了照面多数也是爱理不理的。有时候甚至还遭遇狗吠而狼狈不堪。

这段经历我曾经介绍过几次，令我难以忘怀的是遇上了一对和蔼亲切的年轻夫妇。

那是一栋约有 20 户人家的公寓。有一天，当我走进中央的正门时，看见一位太太正在用小炭炉在走廊做饭。年轻的你们可能都没见过，那是一种土制的炭炉。

我向她道早安并递过报纸给她时，她以笑容回应我说："辛苦了！你总是那么精神饱满呀！"

当我转身正要离开时，她叫住了我："噢，对了，你等一下！"然后往我双手里放了一大捧番薯干。那东西我们当时叫"IMOKATI"。她说："这是昨天从老家秋田寄来的，若不嫌弃就请收下吧！代我们向你爸爸、妈妈问好。"

她那高个子丈夫也对我说:"这么冷的天,真是辛苦你了。好好读书,将来好有出息。"

有一次,送完晚报之后,他们还邀请我一起用晚餐,听我讲家里的情况。当得知我父亲病倒了的时候,还勉励我说:"发明大王爱迪生少年时也是一边卖报一边读书的。小时候吃过苦的人是幸运的。"

不久,他们就搬家不知去向了。虽然已经是 50 多年以前的事了,但那对夫妇对人的和蔼、亲切,至今仍然深深地烙在我的心底。夫妇俩都没有丝毫的傲慢。

温柔和善的人,心怀强烈的"慈爱"

拥有权限的时候,最能体现"人格"

池田 佛法主张"平者为人"(《御书》241 页),以此来说明"人间界"的生命状态,强调的就是"平坦"。无论对什么人,都能够"平等""公平"而温暖地看待,这才是真正的人。

与此相反的,则是"傲慢"。傲慢而摆架子的人,往往欺压别人。对强者点头哈腰,对弱者颐指气使,这是畜牲界、饿鬼界的生命。作为人格来说,这是最卑劣的。

据说英国的有些传统学校,在考察一个人的人格的时候,通常会授予其某些权限,借此看他当上领导干部之后,如何对待自己的下属。这一下,往往就能看出其人格来。

——的确是如此。有位在出版社的朋友告诉我，有些大学的教授或知名人士，态度傲慢得实在令人难以忍受。

有的盛气凌人，动不动就发脾气，甚至还恐吓人说："把我惹火了，下场会怎样你知道吗？"那种姿态完全不像"文化人"（笑）。当然，品德优秀的大学老师也大有人在……

不可以貌取人

池田　所以说，"温柔和善"，其实应该是"把别人当人来看待""把别人当人来尊重"。

有一位优秀的教育工作者，他在熊本县某所学校任教达38年，非常受学生的爱戴，是一位充满爱心的老师。他爱心的原点到底来自哪里呢？

据说，这都源自于他在小学二年级时"对父亲的一段回忆"。

那是在细雪纷飞的寒假里的某一天，家里来了一对卖艺的母女。她们挨家挨户地到别人家门口去表演，赚取微薄的金钱和食物，母女俩就是靠这样的方式来勉强度日。

每当母亲弹奏三味弦唱着歌时，小女孩就在一旁翩翩起舞。

在少年的他的眼里看来，她们是一对"可怜的母女"。所以当表演完了之后，少年把自己吃剩的一点零食递给了小女孩。可就在这个时候，"正在庭院里给牛套草鞋的父亲，突然纵身跑了进来，一下子把我打倒在地上，并向愣在一旁不知所措的母女郑重地低头赔不是，请她们原谅儿子把吃剩的零食给她们的失礼，还要我下跪向母女俩道歉"。他悠悠地回忆着那时候的情景。

后来，他父亲不仅把谷粮作为酬劳送给她们，还将他的零食整袋地拿给了小女孩。然后，扔下跪在地上哭着的他不管，拉起牛就往山里干活去了。

少年直到长大成人之后，当时的那场光景依然历历在目。他用非常感激的语气说："父亲用自己的态度，以身示范地教给了我人人平等的道理。"（引用、参考自喜读喜市《喜读喜市的世界》，狩野书房刊）

这样的父亲现在少了。我们绝对不能以貌取人。

户田先生在 20 岁的时候，胸怀大志从北海道来到东京，不料事与愿违，迟迟找不到什么合适的发展机会。就在夏季将近的某一天，无可奈何的他去拜访了一位母亲的远房亲戚，那亲戚是位陆军将领。

年轻的户田穿着藏青色的棉袄，裤子皱皱巴巴。虽然被引进了客厅，但很明显地，对方只是随便敷衍，心底里根本瞧不起他。不仅完全没打算了解青年的抱负，还明显地想方设法尽量撇清关系，生怕被就此纠缠、连累。

户田先生一开始觉得他们态度亲切，便一五一十地表明来意，但当发觉对方只是虚情假意地应付之后，立刻起身告辞。当对方夫人把桌上的糕点打好包要给户田先生时，先生愤然拒绝说："我不是为了拿这些东西而来的！"

户田先生一辈子都没有忘记那个时候的屈辱。据说，每当一想起那经历，他总是反复告诫妻子要引以为戒："人绝对不能凭外表来判断。一个人将来会成为什么？担负有什么样的使命？这仅凭外表、装扮是不可能判断出来的。我们家可一定不能以貌取人呀。"

与恶"愤然"抗争，才是"温柔和善"之心

牧口先生的慈爱

池田 户田先生是一个比谁都"坚强"的人，但同时又是拥有无限慈爱的"温柔和善"的人。无论是多么贫穷的庶民，他都能倾注慈爱之心加以对待。可就是这样的户田先生，竟认为牧口先生才是"真正慈爱的人"。牧口先生的确也是一位既"坚强"又"充满慈爱"的人。（以下关于牧口初代会长的逸事均参照自《牧口常三郎》，圣教新闻社刊）

牧口先生在北海道任教时，即使下雪也要迎送学生上下课。一边提醒体弱的孩子不要掉队，一边背小的，牵大的。

有时烧好开水，调好温度，便牵过孩子干裂的手，慢慢放进温水中，温柔地问他们："怎么样，很舒服吧？""唔，虽然可能会有些痛……"那是多么温馨而美丽的情景啊。

牧口先生到了东京以后，作为名校的校长也是很出名的。他那刚正不阿、不攀附权贵的作风，总是遭人嫉妒，因此也经常受到迫害、贬谪。

他还曾经到聚集了众多穷人家孩子的小学（三笠小学）赴任。那学校很多孩子家里都很穷，下雨天连雨伞都用不起。

牧口先生经常自掏腰包，为那些没带盒饭的学童们准备豆饼或餐点。其实他自己并不宽裕，肩负着一家八口的生计。牧口先生为了不伤孩子们的自尊心，有意将准备好的食物放在工友室，一边大家自由取用。

——若是放在教员室，孩子们进出不方便。而如果放在教室，当着同学的面孩子们又会不好意思取用。牧口先生考虑得可是真周到呀。

与邪恶抗争而不惜生命

池田　慈爱和善的牧口先生，只要是"为了孩子们的幸福，做什么都在所不惜"。一想到在扼杀人的个性的"填鸭式教育"下受苦的孩子们，他就心疼得不得了，总是千方百计地想要去拯救他们，想得简直到了"要发疯"的程度。(参照《创价教育体系》绪言)

只要是为了孩子，面对任何强权他都不会让步，而是"愤然而起"地进行抗争。就连对当时大权在握的督学（旧制度下的教育行政官，专门负责对学校的视察和教育指导），他也敢于公然提出自己的"督学无用论"主张，认为督学只会使教育越来越趋向单一化。

因为如此，他受到了当权者的嫉恨。也正是因为如此，他受到了民众的爱戴。

据说，当牧口先生遭到调任到其他学校去时，学生们都放声大哭，就连家长以及教员们也都因为舍不得先生而低声啜泣。

牧口先生最后是因为与军国主义抵抗到底而死于牢狱之中的。对于使民众陷入不幸和痛苦的军国主义，对于那些错误的思想，他不管自己身处怎样的危险，也无论如何不能容忍，不惜牺牲宝贵的生命。

人的温柔和善，对"恶"也是强有力的。佛法主张："愤怒"既适用于善，也适用于恶。为了善的"愤怒"，是有必要的。

如果只是一味依自己的感情发怒，那只是畜生的心性。愈是伟大的人，愈有博大之爱。因为其爱足够博大，所以能够既坚强又温柔慈爱。

——正因为他是个"温柔和善"的人，才能够身陷囹圄而仍不改其坚定信念。真是崇高呀。

怎么说呢，这跟我们平时所想的、印象中的"温柔和善"似乎有点不太一样呢。

池田 "性格温柔"并不等同于"温柔和善"，对待邪恶不敢抗争，紧要关头不敢挺身而出，那只是"软弱"而已。

我们之所以有今天，全都有赖于大家的"温柔慈爱"

——有人说过，现在的人际关系是以"不产生矛盾，不发生争执"为目的的。普遍认为，如与他人交往太过密切，自己容易受到伤害，而且有问卷调查还显示了如下这样的数据。

约有七成的人"不太愿意跟人打交道"，有超过五成的人觉得，"一想到如果因此而牵扯上意想不到的事故，往往总免不了有可能遭人怀疑或闲话时，就会犹豫是否该出手帮助或照顾别人了"。（根据1996年9月的调查、东京都整理的《关于地域社会的民意调查》）

池田 的确，由于现实生活的不易，造成了人们自扫门前雪的心态，这点不难理解。但是，这其中难道不是存在着一个很大的错觉吗？

人们是不是都忘记了这样一个事实？那就是：自己之所以有今天，全都是有赖于许多人的"温柔慈爱"。如果没有母亲的温柔慈爱，我们就不可能来到这个世界并长大成人。

此外，还有父亲以及其他家人、亲戚、朋友，还有保育园、幼稚园以来的老师们、创价学会的前辈们。仔细回想一下，我们难道不是蒙受了无数人的"温柔慈爱"的恩惠才生活到今天的吗？

——的确如此。我还听到有同学说起："我确实感受到了母亲的温柔和慈爱。从小我就一直被教育'要成为能体谅他人心情的人'。小学三年级开始我们成了单亲家庭，但母亲为我的担忧、为我所做出的各种各样的牺牲和付出的爱，使我的心灵变得很坚强。"

池田 真令人感动！母亲是最坚强的，也是最温柔慈爱的。

——还有这样一位同学。

"我高一的时候，因为在学校里总是交不到朋友，曾经一度变得不愿意去上学了。到了第二学期，索性想休学的时候，班上一位同学打电话来鼓励我'来上学嘛！''咱们一起去吃便当吧。'我当时接到这样的电话真的非常高兴呀。为了不辜负那位同学的好意，从此又开始每天上学了。现在那位同学，成为我无话不谈的好朋友。"

池田　温柔体贴是一种不计得失、不求回报的友情。人越是经受过苦难，越是能够拥有爱。往往能够给人以"帮助他重新振作起来"的勇气之心。

要正视他人的不幸，并努力去体察、分担对方的辛酸。在这过程当中，自己也会成长，对方也会因此变得坚强。温柔体贴，实际上就是能使人受益的、最好的"鼓励人的道场"。

重要的是要尽量去体察对方、理解对方，而不是去怜悯、同情。人就是这样，只要感觉到世界上有"能够理解自己的人"，就会因此而产生活下去的力量。

很在意对方的反应

——人的温柔和善，眼睛是看不见的。若不以某种方式表现出来，我想对方是无法体会得到的。但是呢，往往很难鼓起勇气。有人就担心："如自己主动打了招呼，却遭到对方冷淡的反应，那该怎么办？"

其中还有人说起这样的情况，"在电车上，有一位老人上了车，虽然很想为他让座，却怎么也开不了口。心想'如起来让座，而对方却不喜欢被当作老人看待，那可怎么办？'或者想到'周围的人会不会认为我是个假装好心的优等生呢？'最终还是犹豫了"。

池田 的确，我们无法预知对方的反应。有时候也可能会出现对方并不领情的情况吧，甚至还有可能会被冷嘲热讽。尽管如此，责怪对方也没用，或就此畏缩不前也不是办法。重要的是自己到底想怎样做？要有忠实于自己对人的温柔和善之心，并将此心意付诸行动的勇气。

而且，无论对方态度如何，自己若能够毅然决然地付诸行动的话，心胸也会相应地变得开阔起来。自己心中的"坚强"和"温柔"也会有更大幅度的增长。

不行善事就等于"恶"

池田 牧口先生对那些没有勇气的旁观者总是很严厉。因为"懦弱的善人"，往往最终会屈服于恶人。先生经常像口头禅似的说："不行善事，其结果和作恶是一样的。例如在路中央放置一块大石头是件坏事，会给后来的人带来很大的麻烦。但如果明明知道路中央有石头，却认为'这不是我放的'而不去移开它的话，虽然这只是'不做好事'而已，但给后来的人造成危险和麻烦这结果却是一样的。"

懦弱是残酷之母，勇气是"温柔"之母

"那个时候，如果打声招呼的话……"

池田　其实大多数人心中都有"温柔慈爱"，没有人一生下来就是冷酷无情的吧。

可是，随着年龄的增长，因担心自己受到伤害而就此把"温柔慈爱"埋藏于心中，久而久之就会变成一个真正的冷酷无情的人。

另外，如果是"自私自利"的话，则会看周围的所有人都像敌人。因此，他们会越发把自己隐藏在盔甲之中，隐藏在权威、名声、地位、逞威风之类的盔甲之中。这样一来，人性渐渐地被"兽性"取代。

据说，释尊就是一个"经常主动地问候他人"的人。他从不会傲慢地等待对方向自己打招呼，更不会考虑"如果主动打了招呼，对方却反应冷淡怎么办"之类的问题。他是一位主动亲切地"问候别人"的人。

——待人温柔和善也是需要勇气的，对吧？

池田　正是如此。"懦弱是残酷之母，勇气是仁慈之母"。

有一位叫作史蒂芬·茨威格[注15]的著名作家。他在念高中时，班上有位优秀高才生，人缘也很好。不料有一天，他那身为大公司老板的父亲因牵扯上某个案子而被捕了。

报纸上刊登了他家庭的照片，说尽坏话进行了大肆报道。

他两星期都没有上学，到了第三个星期，突然出现在座位上，只是两眼盯着课本，头也不抬，下课了也是一个人凝视窗外，回避大家的视线。

茨威格和同学们由于担心不小心会伤害到他，都只是离得远远地默默看着他。他们也知道这时候的他正需要温柔的安慰和鼓励，可是就在犹豫的当儿，下一节课的铃声又响了。而且，到了第二节课的时间，他已经离开学校，从此再也没有见过他……（参照三宅正太郎《裁判之字》，《牧野书店》当中的介绍）

那个时候，如果问候一声就好了……茨威格心中的后悔，恐怕一辈子都难以平复了。

日本人常常是这样，当听说某人不好时，往往也不加求证就胡乱传播、到处宣传，这和温柔体贴是背道而驰的。温柔体贴里必须包含有"公正"，应该具有一种亲自去确认事实是否真实、是否令人信服的"诚实"。

"小温柔""大温柔"

——强调对人应该温柔体贴些，可是具体应该怎么做呢？我想应该根据实际情况来判断，不能一概而论吧？

池田 的确是这样。最根本的，是在心底里要有为他人的幸福而"祈求"的心愿。牧口先生曾说过，善可分为"小善""中善"和"大善"。也许温柔也可以分为"小温柔""中温柔""大温柔"。而提倡相互启发、互助共勉的创价学会的活动，就是最完美的"温柔体贴"的行动，是至高的人本主义。

除了佛法，"大温柔"有时反而会招致误解。父母为了孩子好刻意严格管教就是一例。各位在"大温柔"时，也许被人讨厌或受到排挤，但依然为了对方的幸福祈求、效劳，这才是真正的温柔。即使当时不被了解，但诚意地付诸行动，总有一天对方会体会到"那个人是这么地为我着想！"

——听您这么说，我深有同感。从一个人温柔体贴的程度，可以得知他的心胸有多宽大。我也要努力带给他人感动，而不是只有表面的温柔而已。

有 40 亿年的生命在支撑着我们

池田 在温柔体贴中，存在着崇高的人性，与佛法的慈悲及西方讲求的人格，其根底脉动的"爱"是相通的。

另外，前面也曾经提到过，"每个人都有赖于许多人的恩惠，才有今天的自己"。事实上，更广义来看，大家都是受到地球与宇宙中无数生命的恩惠，才能生存在此时此地。不论是花、鸟、任何生物、太阳、大地，一切都是共生共存，合奏出生命的交响曲。

据说，地球上生命的诞生是自 40 亿年以前开始的，自那以后，生命孕育生命，生命支援生命，连绵不绝而有今天的我们，其中如果欠缺任何一个环节，就没有今天的自己。

——的确，没有谁是在一代代生命的连续中曾经中断过的。(笑)

池田 究其根本，生命孕育下一代的过程，也可说是一种"温柔体贴"。更进一步来说，孕育生命的整个地球本身，就是一个大生命体，是广大温柔体贴的存在。

户田先生曾经说过，"整个宇宙本来就在进行着慈悲的活动"。

——都在说要"善待、珍爱地球"，其实在此之前，我们早已蒙受过地球的温柔关爱，蒙受了其极大的恩惠。

池田 在我们生命的背后，有40亿年，不，应该说有着全宇宙的"温柔关怀"的历史在支撑着我们，所以千万不要妄自菲薄。

没有比生命更珍贵的宝藏，大家都拥有这个宝藏，每一个人都是无可替代的珍贵存在。孕育生命的宇宙、地球以及母亲，总是将自己的孩子视为"无可替代的珍宝"。对21世纪来说，最重要的是在社会上扩大此绝对的温柔关怀，也就是"对生命的慈爱"。

——这样一来，战争、人权侵害、环境问题等现象自然就会消失了。

池田 为此，我们首先要努力成长。能有"努力提升自我"的想法是很了不起的，与温柔体贴之心是相通的。那些排挤他人，只顾自己的心态，是傲慢而丑陋的。

因此，我希望身为"21世纪的主角"的各位，一定要锻炼自己成为"坚强"而又"温柔"的人。

何谓人权

人权是争取来的，用人间关爱的"勇气"去争取人权吧

池田　春天的脚步近了，梅花、桃花陆续绽放，樱花的季节也随之到来。

诗人雪莱[注16]有诗颂曰："冬天来了，春天亦不远矣。"即使是在严寒的冬天，也必定会转为春天，这是宇宙的法则、生命的法则。或许现在过得很艰辛，也不可放弃希望，春暖花开的季节一定到来。

以前也说过几次，佛法强调"樱梅桃李"的原理。樱花有樱花的美，梅花有梅花的香，桃花有桃花的姿色，李花有李花的风采。人同此理，每个人都有自己的使命，都有不同的个性及生活方式，彼此认同、尊重，才是合乎法则的。大自然中百花争艳的道理也在于此。

遗憾的是，多数人却不能尊重与自己不同的人，总是加以歧视和欺凌，这是破坏人权，也是不幸的根源。

任何人都有权利开出自己的花，完成自己的使命；不仅是自己，他人也拥有这样的权利，这就是人权。不尊重人权而侵害别人，如同破坏所有的秩序。为此，我们必须要尊重人权，

有必要进行能够尊敬他人的"自身确立"。

"欺凌"就是"小型战争"

——"歧视"和"欺凌"现象，就在我们身边经常发生，有时候还表现为战争、迫害等极端的方式。形式虽然不同，但其本质是一样的，对吧？

池田 是的。因此也有人说"欺凌是小型战争"。

二次大战时，我的年龄比高中生的各位还要小一些。在莆田区（现在的东京大田区）的"大鸟居"车站前，有人卖煮鸡蛋。我很想吃，但因为没钱而吃不起。

有一天，一位士兵带着女伴走过，正巧长官也在那儿，当士兵跟长官擦身而过时，长官破口大骂："你小子，怎么没好好敬礼？"并对士兵拳打脚踢地狠揍了一顿。

事实上，士兵明明已经敬礼了，长官不过是嫉妒他带着女伴，所以故意在其女伴及大庭广众前痛揍他。士兵当然没有反抗的余地。我永远也无法忘记女孩子当时被惊吓哭泣的样子。

我目睹了这一幕，当时就觉得日本人实在是令人讨厌，军队简直是蛮横无理，胡作非为。

心胸狭窄、作威作福、嫉妒、自私自利……这样一些低层次的不良情绪会侵害人权，如进一步延伸开来，则会引发"战争""犯罪"。

"歧视就是犯罪"

——说到犯罪，据说在欧洲有许多国家都明确地认识到"歧视就是犯罪"这一点。就这点看来，日本还是个人权相当落后的国家呀。

池田 很多人都指出了这一点。这样一种"社会的扭曲"，正投射在各种各样严重的"欺凌"事件上。

——关于"欺凌"，有同学发表了这样一些意见：

"有些人觉得'这家伙看上去比我弱'，对弱小者总要加以欺负。而对于那些比自己强的人，则往往卑躬屈膝，这样的人，作为人来说，我认为绝对不能容忍。"

"我自己也曾经被欺凌过，幸亏朋友伸出援手才得以解围。今后，我要反抗那些欺负人的人，鼓起勇气的话，这类现象就会逐渐减少，而且我不再自怨自艾，绝对不能屈服！岂能因为那些家伙，断送自己的一生。"

"我曾经受过欺侮，幸亏有无话不谈的好友，还有陪我一起挑战的父母。我曾经有过多次难过得一边哭一边祈祷的经历。现在虽然已经没有类似的情况发生了，但我今后一定不能忘记自己曾经有过的亲身经历，立志成为一个无论对被欺凌的人还是欺凌别人的人都能伸出温柔的援手的、胸襟宽广、坚强而又温柔的女性。"

"我恰好相反，曾经欺负过别人，但内心总有一股沉重的罪恶感。最终，我向那位朋友道了歉，现在我们俩相处得很融洽。"

"对恶人，要严厉些"

池田 不管什么理由，都绝对不能欺凌别人。或许你有你的不满，想把自己的痛苦发泄在别人身上，但理由再怎么充分，也绝不能名正言顺地欺负人或歧视人。

大家都应该有一个共识：欺凌人是一种"人道上的犯罪"。

对于恶人要严厉谴责，这其实也是为了人权而战；保护好人，这无疑更是堂堂正正的人权之战。

要有"身为人"所应有的处世哲学

以长远的目光来看待成败

——也有人反映说："本来是要去阻止欺凌事件的，结果自己反过来遭到欺凌了。自己也很讨厌这么没用的自己。"

池田 面对欺凌若不知如何回应，不妨告诉校长、导师、学长或父母，运用智慧加以应付。无论如何，都不能因此而厌恶自己。

即使现在无法采取行动或说不出口，但一定要有辨别是非善恶之心。有朝一日当自己有能力时，再改革也不迟。有时立即采取行动，反而会发生争执，输了也无济于事，要以长远的目光来看待成败、胜负。在没有人权观念的地方，即使一件一件地每次都去投诉人权遭受侵害，也不可能得到满意的解决。

总之，我希望每个人都能持有一种"意识"、一种"自觉"，那就是：到了 21 世纪，要让自己的国家成为理想的人权国家。

——为什么同是人却要去歧视别人呢？据说有一位来自老挝的女生（初中二年级学生）曾经说："在我小学五年级的时候，电视、报纸曾经报道过我的事，当时被一位同学说：'你又不是明星，却要上什么电视，傻不傻呀？'我完全不明白她的意思，就问她为什么要这么说，她回答：'你在日本是寄人篱下，别太张扬了！'"

听了令人非常愤慨。（思考幼小难民之会编《为了幼小难民的未来》24 号，曾在喜多明人《我们的独立宣言》、白杨社刊中有所介绍）

池田 无法将外国人视为"同样是人"来看待，那是因为其心灵贫瘠的缘故，是因为自己欠缺一种"作为人"所应有的处世哲学。

既不学习哲学，又目光短浅，有的只是纵欲贪婪的"饿鬼"心态、攀附强权、欺负弱小的"畜生"心态，由于是这样一种劣根性所形成的社会，所以自然就形成了歧视他人、漠视人权的社会。

重要的是如何"作为一个人"来更好地生存。遗憾的是，许多日本人在"作为一个人"之前，往往总是先"作为一个日本人"，这是心胸狭窄的岛国民族的劣根性，只要稍微感到有一点差异，就会加以排斥、攻击。

正是这种封闭性，在国际上也招致了孤立。

例如，日本有许多朝鲜人、韩国人，他们的第二代、第三代子孙，为了学习韩语、朝鲜语及其国家的历史文化，只能够就读于朝鲜学校、韩国学校。

但是，这类学校却由于被日本政府区别为不同于一般高中的"各类学校"，长期以来，既无法参加"全国高中运动大会"，也不能享有学生票的优待，甚至到现在，除了部分的公私立大学外，并不承认他们有大学入学考试的资格。

这还只是其中的一个例子而已。

——尽管宪法已经明确规定"尊重基本人权"，但事实上，侵犯人权的事情却屡屡发生呀。

人权不是手段而是目的

教育的扭曲使人变得"漠视人权"

池田　首先，在教育上必须大大地提升人权意识，必须教导学生"作为一个人"的根本，而且不仅是教育，宗教方面也要教导人权，政治制度也必须尊重人权，社会上每一个领域若不致力于建设视人为"目的"而非"手段"的社会，则歧视、不幸、不公不义、弱肉强食的野蛮社会就将永远存在，而且不断地重蹈覆辙。

水俣病是日本战后最严重的公害问题之一，许多人发病后只能四肢朝天，备受折磨痛苦至死，或者不能说话、昏迷不醒；还有许多人是在母亲的肚子里就受到水银的侵害……

　　水俣病患者们为了争取权益，好不容易抱病从熊本县来到肇事的氮肥公司（东京）总部前抗议："作为一个人，你们究竟是怎么想的？你们是人，我们也是人呀。也许你们是东京大学的毕业生，但用刀一割，会流出同样的血来呀。"

　　不料这个被称为东大帮、聚集了大批精英分子的大公司职员竟然这么回答："你的意思我明白，但这只是如何谈判解决的问题呀。"

　　双方话不投机，据说那些职员甚至还反过来威胁受害者们说："你们要是闹得太过分的话，我们公司会倒闭的，这可是会造成严重的社会问题的喔！"（参照石牟礼道子《石头的感受》，收入《太阳的悲伤》，朝日新闻社）

　　"作为一个人，你们究竟是怎么想的？"这句话并没有被他们听进去。对于活生生的人们的切肤之痛，他们一点也不能体会。如果这就是被称为日本的"一流学府"教育出来的结果的话，那日本的教育可真是病入膏肓了。

　　——我也认为教育方面的问题很大。什么都强调要管理、管理的，学生们很难有机会发表自己的意见。另外，在根本上还存在着"成绩歧视"问题，仅仅因为测验成绩不好，往往就被看作所有的方面都不行了，根本一无是处了。好像甚至还有些老师，对那些"学习成绩不好"的学生极尽蔑视和嘲讽，似乎他们就没有人权似的。可实际上呢，分数只不过是"作为一个人"的极小一部分而已。

　　池田　念书当然是很重要的。但是，学习的最终目的，在于充实、丰富"作为一个人"的自己。另外，还在于使自己能够为更多的人做贡献。成绩只不过是为了达成该目的的其中一个目标而已。可是，勤奋学习的结果，如果最终是导致失去人性的话，那可就本末倒置了。

一个人到底是怎样的人，这根本不可能仅凭考试的数字得知。

提起《星星的王子》，大家都知道是被称为"二十世纪的古典"的杰作。书中有这么一节：

"当你向大人提起新朋友时，他们不会问你最关键的问题，他们根本不在乎对方的声音听来如何？喜欢什么游戏？有没有收集蝴蝶的嗜好？他们只会问，他几岁了？有几位兄弟姐妹？体重多少？他爸爸每个月赚多少钱之类的问题。大人们好像以为，这样就能明白对方是怎样的人了"。（内藤濯译，岩波书店）

以外在因素来评判一个人，这是大人的愚蠢之处。如此一来，根本看不清"人"这个"最关键"的问题。

本来，孩子的心，是不会歧视人的。要不是父母给他们灌输偏见，黑人、白人以及亚洲人的孩子们，其实都可以在一起欢快地玩耍。家里有没有钱、父亲的地位如何、成绩好不好，这些无聊至极的问题，与孩子们的世界完全无关。孩子本来就知道"人皆平等"的道理。

——真正的教育，我想是为了更加强化、更加扩展平等的精神，但现实却似乎正好相反。

池田　所以将来就靠各位了。绝对不能输！大家要改变21世纪的日本和世界。

当年牧口先生曾经论述过：时代将会由"军事竞争"进入"政治竞争"，然后由"经济竞争"再迈向"人道竞争"。的确应该是如此，若不然，人类的未来恐怕将是一片黑暗。

许多有识之士纷纷感叹：世界上没有一个国家称得上是理想的人权国家。

日本现在虽是人权方面的落后国家，但拥有和平宪法的日本，本来最应该在"人道竞争""人权尊重竞争"中获胜，成为"世界的骄傲"才是。我希望政治家、教育家们能朝着这个目标努力。

从人类长久的历史看来，既没有出现过真正的和平，自然也不会有真正的幸福。虽然人类的恒久和平，是领导者与学者们梦寐以求的事，却从来也没有实现过。现在又何尝不是这样？照这样下去，我们不得不认为：未来恐怕会重蹈覆辙。为什么呢？就因为"人权"始终没有确立起来。

尽管许多机关、许多人在很多场合，会高呼尊重人权，但都往往流于形式，只是口头上说说而已。因为缺乏对人权深刻的认识。

——若缺乏深厚的"哲学"与"人性观"，再怎么呼吁人权，最终也只是空口说白话。

"重视每一个人"是人权之精神、学会之精神

池田 是的。学习人权，就是学习"哲学"，这与学习佛法是相通的。与"哲学"同样重要的，是"斗争"。不去呐喊，不去斗争，人权是不能够取胜的。

即便是受到制度和法律的保障，也要坚持为人权而斗争，否则只会是徒具形骸、虚有其表。为什么呢？因为权力这个东西，有着一种不喜欢人权的魔性。无论是国家权力还是其他的权力，都不例外。

人权重视的是"每一个个体的人"，将每一个人视为无可替代的存在，尽可能使其充分发挥自己的潜力和作用，开花结果。与此相反，权力则是将人以集团化方式来管控，将其作为物质来对待，将其数字化、记号化。而与这种权力做斗争的，正是创价学会。我们进行的是"重视每一个个体的人"的人权之战。

户田先生奋斗的原点来自于哪儿呢？那就是其恩师牧口先生死于牢狱这件事。每当谈及牧口先生的死，户田先生总是握紧拳头，义愤填膺得热泪盈眶。为什么恩师要死于非命呢？为何正义之士要反遭迫害？为何就不能避免这种愚蠢的战争？对这一切，他痛恨不已。

牧口先生直到死后才能出得牢狱，户田先生则是活着出狱的，因此户田先生有着强烈而鲜明的使命自觉，那就是一定

要打破害死牧口先生的"权力之魔性"。要想做到这一点，仅仅依靠改变社会制度和国家体制是不行的，唯有改变其根本的"人"。要使民族变得坚强，使民族变得更贤明，除此之外，别无他法。我们必须要让全世界民众的心紧紧地联结起来。

创价学会的运动，就是由民众来主导进行的、为了广大民众的人权之战。

差别社会，会导致残暴的独裁和愚民政治

各位的双亲才是"人权的斗士"

池田　世上有许多因疾病的痛苦和经济困难而压得喘不过气来的人，还有受人际关系困扰而对人生绝望的人，或因家庭破裂而彷徨无助的人。对于这样一些阳光总也照不到的、始终因各种困苦而苦恼不堪的民众，向他们伸出援手，并与他们同甘共苦，帮助他们共同振作起来的，就是创价学会。

各位的父亲、母亲们，就是为这样一种"造福于人类的斗争"而活过来的。他们既不图名声，也不求地位，而只是"作为一个人"，为了人类的爱而坚强地生活。他们在泥泞、丑陋的社会中，全心全意地为了远大的理想而奋斗至今。他们是最值得尊敬的人。我希望大家把他们的"心"继承下来，将伟大的"人类之爱"，继续弘扬至全世界。

——如果说人权是"珍重每一个个体的人"的话，我想那其实就是民主主义本身。若是缺乏人权的话，民主主义也将

崩溃。

池田 人权思想一旦薄弱，就会变得容忍独裁者的蛮横、残暴，进而产生愚民政治，社会的繁荣将无从谈起。因此，日本人必须进行人权斗争，守护思想自由、信教自由，并珍视人权……

人权和民主、和平是息息相关的。只要其中有一样遭到破坏，则所有一切都将瓦解。这一点，社会上各个领域的指导者们都应该牢牢地铭记心中。若不树立起人权思想，则无论名誉也好，权威也好，都将不过是沙上建起的楼阁。最关键的，还是要看"爱人之心"是否在燃烧。

三十几年以前（1962年），日本"部落解放同盟"代表团访问中国，获得周恩来总理的接见。当团长对周总理在百忙之中抽空接见表示了感谢的时候，据说周恩来总理是这么回答的："哪里哪里，在日本最受欺凌和虐待、最受苦受难的人们来到了中国，而我却不跟大家见上一面的话，那我就不配当中国的总理了。"

在周总理的眼中，日本人民和中国人民同样重要。无论身处于世界上哪一个角落，只要有受苦受难的民众，就应该与他们团结起来——他就是以这样一种精神来建设"新中国"的。

佛法也强调"平等大慧"（注17），就是要平等。一切众生皆平等，佛和众生为一体。每一个人都有"佛界"这么一种最神圣的生命。因此，一切都是为了"人"，一切都从"人"开始，其本质都可以归结到人权这一点上来。

教育、文化、政治、经济、科学等所有一切的社会现象，如果不确立起人权思想，必将会走入死胡同。这就好比本来应该是"为了学生而存在的学校"，最终却变成了"为了学校而存在的学生"。所有这一切的走投无路，都应该重新回到"为了人"这个原点来，由此再重新出发。这就是人权的确立。

拥有坚强的"信心和自豪"！"坚强"就有人权

"自己的残疾总被人取笑"

——有来自一位高中生的提问："我身有残疾，因此在路上或在学校里总是被人取笑，自己不知道该怎么办才好。"

池田　从结论上说，那就是唯有自己坚强起来，此外别无他法。这其实也是人权斗争。博取他人的同情绝对不是人权。

要有"身残者也是一个堂堂正正的人"这么一种自信心，怀抱"我也有我自己的使命"这样一种自豪。

取笑你的残疾，那是取笑者的错，他那是在累积自己无视人权的罪孽。如果因此而输给他的话，人权也就荡然无存了。因此，坚强就是人权。

——上次您曾教导我们说："温柔就是要坚强。"争取人权，也需要坚强，无论是为了捍卫自己的人权，还是为了捍卫他人的人权，都需要坚强，对吧？

"黑人不是'二等公民'!"

"互相承认个性",是迈向人权世纪的第一步

池田 我跟世界上许多"人权斗士"有过交谈,还跟美国的波林博士、巴西的阿塔伊德[注18]博士、阿根廷的埃斯基维尔博士、南非的曼德拉总统、印度的潘德[注19]博士等许多人士都进行过对谈。

他们都是"温柔和善"的人,也都是"坚强"的人。既有着决不屈服于牢狱中受到迫害的坚强,同时又有一种"温柔慈爱",让人一见面就能感受到其"对人心的细腻和敏感"的人格。

其中有一位美国的罗莎·帕克思女士,她是一位与种族歧视抗争的勇士,是一个"温柔而又坚强"的人。

在那个充满歧视的年代里,她从不乘坐写着"黑人专用"的电梯,不愿意妥协于这种明显的种族歧视,而宁愿走楼梯。也不乘坐将黑人和白人的座位"隔离"开来的巴士,再远的路也宁愿挨辛苦徒步而行。

在大热的暑天里,即使热得口干舌燥,也绝不在挂着"黑人专用"牌子的饮水处喝水。

"对于遭遇到二等公民的待遇,我从不妥协也不接受。要想获得别人的尊重,自己首先就必须要珍惜自己。"(罗莎·帕克思《勇气与希望》,高桥棚子译,出版会)

应该要理直气壮地生活下去，这种"人格"是人权的根本。人格是一个有别于金钱这种层次的、最重要的问题。

如果一味地只追求物质上的满足，那是不可能有真正的和平的。

我们无论如何都要努力使 21 世纪成为人权的世纪，使之成为不为眼前的利益所驱动的社会。为此，我们一定要自尊自重，要自信、果敢地生活下去。这样的人，才有可能去尊重他人。

汪洋大海始于最初的涓涓细流，奔向"人权世纪"的潮流，现在才刚刚开始。

——如果就以我们身边的事情来说的话，我们应该从哪儿开始做起呢？

池田　比如说，多阅读些好书。书中常常包含有许多的人权问题。

另外，要互相认同对方的优点和长处。相互认同对方的个性，这是人权的第一步。即使有一定的差异，也应该抱着"都同样是一个人"这样一种正确的人性观。

根据某位大脑生理学家的说法，发现某种"差异"，是大脑比较浅层部分所起的作用，而能够发现"相同之处"，则是在大脑深层进行了高度的信息处理的结果。

也就是说，无论对谁，都能够以"同样作为一个人"来进行交往，这才是"优秀的人"，真正有教养的人。自己的人性越是丰富，就越能够从别人身上发现人性。反之，那些欺负别人的人、傲慢无礼的人，则越是这样就越会损坏自己的人格。

有这样一首诗：

> 夜晚有一千只眼睛
> 而白昼却只有一只眼
> 可当太阳西沉的时候
> 光明的世界将会消失不见
> 智力有一千只眼睛
> 而心却只有一只眼
> 可当心中的爱一旦消失
> 人生之光将会黯淡，变得漆黑一片

（F.W. 布迪隆）

照亮世界的"太阳"是"人权"，是人性爱，是关怀，是温柔体贴。有了这太阳的光辉，社会上才得以绽放出"樱梅桃李"之千万花朵来，争奇斗妍。

让人权这个太阳在 21 世纪升起，这是你们各位的使命。为此，我希望大家先在自己的胸中升起人性爱这一"勇气之太阳"。

第三章　青春与向上

与好书对话

读书是人的特权

——在此，想请您和我们谈谈"读书的喜悦"。

池田　好的。不过，说是说"读书的喜悦"，但还是有很多人觉得"读书是一种痛苦"，不是吗？

——是啊，的确如此。现在，"不擅读书"的人，又或者称为"电脑控的一代"，的确是很多。

而且，就算是读书，也多数都是读一些相对不用动脑筋思考的，或者滑稽可笑的书。虽说这也许总比不读书要好一些……

读书可以学到几百种、几千种不同的人生

池田　世上有各种各样形形色色的人，但可以肯定地说，能够体会到"读书的喜悦和乐趣"的人，和完全不谙此道的人，其人生的深度、广度是有天壤之别的。

读一本好书，那就如同邂逅一位伟大的老师一样。读书是"只有人类才有的特权"，其他的动物无法享有。

自己的人生只有一回，但通过读书，既可以接触到几百、几千个不同的人的人生，甚至还可以与两千年前的古代贤者对话。

跟苏格拉底、雨果也可以对话

池田 读书就像旅行一样，可以东西南北到处去，可以遭遇许多素昧平生的人，见识许多未曾见过的风景。

而且，没有时间的限制，既可以跟随亚历山大大帝一起去远征，也可以与苏格拉底、雨果(注1)成为朋友，互相交谈。

《徒然草》的作者兼好法师也曾这么形容："独自灯下喜开卷，古人为友乐融融。"不能体会此中乐趣，那该是多么可惜的事呀（笑）。就好比来到了宝藏之山，却什么都没取就空手而归一样。

年轻时的"读书"，是一生的基础

池田 许多伟人在年轻的时候，都必定曾经拥有自己人生的"座右铭"之书。该书在不断地勉励自己、引导自己的同时，还是自己的良师益友。

阅读当中，能发现人生的花絮、河川、道路、旅程，还有星辰、光明、喜怒哀乐。有辽阔的感情大海、知性的帆船和漫无边际的诗情之风，有梦想、有戏剧、有世界。

重要的是要记住，无论什么样的"喜悦"，都必须经过相应的练习、修炼或努力，方才能够体会得到。若想知道滑雪的乐趣，不经过练习那是不可能体会的。弹奏钢琴的喜悦、操作电脑的乐趣，无一不是如此。读书也一样，只有付出了相应的努力，经过了相应的挑战、忍耐，才能够体会其中乐趣。

深谙读书的喜悦和乐趣的人是坚强的，能"以书为友"的人是坚强的。因为他能够自由自在地品味、汲取并活用人类古今东西的精神"宝藏"。这样的人才是"精神上的大富豪"。如果以金钱财富来打比喻的话，就好像是拥有好几家银行一样，需要多少钱都可以尽情取用。

——那可真是种美妙的境界呀！要想达到如此境界，具体应该怎么做呢？

百忙之中，您是如何坚持读书的？

池田　读书最重要的是要"养成习惯"。有阅读习惯的人，不论在电车里还是在睡觉前，都会争分夺秒地抓紧时间看书。

户田先生年轻时，曾做过一阵子的拉板车工人。他曾经很怀念地回忆过当时的情景说："每天都一定要尽快地完成当天的工作，然后拉着板车跑到郊外，躺在草地上享受读书的乐趣。"

帕斯卡尔^(注2)曾说过："人是思考的芦苇。"而要"思考"，则读书是必不可少的。因此，完全可以说读书是作为一个人的最好的佐证。

——很多会员们都问过这样的问题："池田先生日理万机，他到底在什么时间看那么多的书呢？"

池田　我的基础是在青春时代奠定的。在青春时代里，我总是忙里偷闲地看书。

夏天里，我曾经跑到过杂司谷（现东京丰岛区）的墓地里去看书。月光下，我常坐在草席上，打着手电筒来看雨果的《悲惨世界》等名著，既安静，又凉快……因为当时没有冷气。不过，被蚊虫叮咬倒是吃了不少苦头。（笑）

——那就是说，已经完全彻底地养成了"读书的习惯"，对吧？

书是"朋友"，书是"美味佳肴"

池田　那时候，真的是如饥似渴呀。凡是能到手的书，全都一本不落地拿来读。

体弱多病也是其中一个缘故吧，书本从少年时代开始就是我最重要的宝物。在战争年代里，为了保护书本免于战火的毁坏，我还曾经把书搬运到防空壕里去收藏起来。

不久战争结束了。那年我 17 岁。满目疮痍的东京街头，一眼望去到处是断垣残壁。瓦砾堆积如山，只有天空碧蓝如洗，一望无际。那情景，至今仍鲜明地映在我的脑海里。

吃的和穿的都非常短缺，几乎是一无所有，但却蕴含着无限的希望。因为期待已久的和平终于到来，这下可以尽情地学习、读书了。书对于我来说就等于是最美味的佳肴。

那时候，住在附近的青年们聚集了二十几位，组成了一个名叫"协友会"的读书会。有时一起讨论但丁的《神曲》，有时来议论德国的经济发展。

由于战败，过去一直以为是正确的东西全部都颠覆、瓦解了。青年们拼命地挣扎着在摸索：什么是真正正确的东西？人生和社会的真实到底在哪儿？这种时候，只有书本是唯一的慰藉了。

所以，只要一有空，我就去逛神田的旧书店街，就像流连在自己的书库里边似的。"今天会不会有什么好书呢？""那本书还在不在呢？"拿着从微薄的收入中攒下的零用钱，兴冲冲地飞奔而去，当看到自己事前看中的书依然没有卖出，终于可以幸运地把书买到手时，心中那份说不出的喜悦，至今依然难忘。

——今天，出版的书本已经多得有如洪水一般。如果还不去好好阅读的话，那可真是浪费呀。

立志成为领导者的人，切不可忘了读书

"不趁现在赶紧读书，将无法成就应有的人格"

池田　户田先生对于读书一事，那也是非常严格的。他

若看到整天只是热衷于看周刊杂志一类内容的青年，他会生气得暴跳如雷，严厉斥责："净看些荒唐无聊的杂志，还看得那么津津有味，有什么用？难道想成为三流、四流的人吗？应该多读长篇，多读经典名著啊！不趁现在好好读书，怎么可能养成好的人格？如何能成为真正的领导者？"

对我，他也是经常追问"最近在看什么书呀？"

比如说，如果我回答"我在看《爱弥儿》（卢梭^{（注3）}）"，他就会要我"说说看什么内容"。因此，如果并没有在看而想假装蒙混过关的话，那是不可能的。

甚至在去世前的两个星期，他都还关心地问我"今天读了什么书？"

先生还说过："要想成为领导者的人，无论有什么事都不能忘了读书。我自己就已经读完《十八史》（中国的历史书）第三卷了呢。"他的身体已经极度衰弱，但他却依然是那么争分夺秒地抓紧时间读书、思索。

此外，在一个叫"水浒会"的青年部人才小组上，先生还通过《水浒传》《三国志》《基督山恩仇记》《战国群雄》等名著，对小组成员们进行领导艺术、人性观等方面的教育。

他总是一而再、再而三地强调："趁年轻时要多学习，不然到了年老时会被孩子们瞧不起、被别人瞧不起的。人在年轻时读过的书，一辈子都会记得很清楚。"

现在，我也和户田先生是同样的心情。

希望大家都能好好体会读书的喜悦和乐趣。为此，就要养成一种"一天不读书就浑身不自在"的读书习惯。如果只是半途而废、不上不下的话，到头来后悔的是自己。

没时间看书

——时常听到有人说自己"没时间看书"呢。

池田 户田先生曾呼吁："青年们啊！给自己的心灵多创造一些读书和思索的时间吧！"（《户田城圣全集》1）

他强调的是"在心里"。说"没时间"的人，大多是因为"心里缺乏应有的从容"。只要有心想读书，没理由找不出10分、20分钟的时间来。

另外，并不是只有坐在书桌前阅读才是读书。自古以来就有一种说法，认为最适合读书做文章的地方有"三上"，即"马上""枕上""茅坑上"，如果以现在的话来说，那应该就是"电车里""睡床上""厕所里"了吧。

对于自己喜欢的人，大家是不是也会有"很想见上一面，就一眼，哪怕是五分钟也好"的感觉？（笑）其实就跟那道理是一样的。

早上、中午和晚上，各挤出10分钟的时间来，一天就能看30分钟的书。

其实，越是在繁忙中好不容易挤出来的看书时间，就越能够集中精神来读，这往往比漫不经心地看书要印象深刻得多。

说不定有些人会强调"要准备入学考试忙得很，没时间"，但其实阅读能力是一切学习的基础。以长远的眼光来看，它必定也会反映到学习成绩上来。在明白了这一点的基础上，我们在考虑"现在的时间，应该优先考虑功课还是读书"的时候，自己应该做出贤明的价值判断。

该从什么书开始读起呢？

——有人说自己"不知道应该从什么书开始读起"。

池田 其实，就在为这个问题而犹豫的过程中，最好也照样开始读，哪怕是读一页也好。反正只是在犹豫的话，也不可能前进，而只要读了一页，就等于相应地前进了一步。

——是不是还是应该读"长篇小说""古典名著"之类的呢？我想总会有些无论如何都难以入门的人。

池田 正如人分有善人和恶人一样，书也有好坏之分。

一个人，必定会因某种因缘而活着。若与好人交往，则心地会变得善良；而若与坏人交往，则难免会染上邪恶而变坏。再怎么善良的人，一旦进入了邪恶的世界，至少有两三成的人会变成恶人。

阅读好书，可以启发自己自身中的生命。古典的好书是历久弥新的，永远不会过时，即使到了 21 世纪，也不会褪色的吧。那是人们一生的财富。

英国的小说家萧伯纳^(注4)有这么一段轶事。

某天，有一位妇人说出了一本书的书名，而萧伯纳却没有看过。

于是妇人很得意地说："萧先生，这本书已经畅销五年了，您居然不知道？"

只见萧伯纳不温不火地说："夫人，但丁的《神曲》已经在世界上畅销五百年以上了，您是否读过呢？"（笑）

另外，爱默生（注5）也说过："不要读那些出版还不到一年的书。"总而言之，那些出版之后经过了数年、数百年，却依然一直广受欢迎的书，那肯定是好书、名作。

人的一生是有限的。因此，我们一定要从好书开始看起。为了有更多的时间来读好书，那就必须尽可能做到不去浪费时间读坏书，除此之外别无他法。

从佛法的角度来说，坏书都是些会导致涌现出地狱、饿鬼、畜生、修罗的生命的内容，会带来令人讨厌的悲剧，是像毒药、麻药一样的东西。而与此不同的是，好书可以引导人的生命朝往提升幸福、理智和创造的方向前进，拥有一种丰富思想、建设人生的健全的正能量。

——其中还有同学反映了这样的意见："歌德、托尔斯泰等的名著倒是也看过几本，但总有点一知半解的，没什么特别感觉……"

池田　说话很直率，挺不错嘛。（笑）不过呢，读托尔斯泰或歌德的书没有感动，那可不是托尔斯泰和歌德的问题。（笑）

经典名著，就如同吊钟似的，如果轻轻敲打只会发出很小的响声，而如果重重地敲击的话，它必定会发出洪亮的钟声来回应。所以说，取决于敲钟者用力的大小。如果怎么看都觉得难以理解的话，不妨跳过二三十页先往前看，待进一步深入了解内容之后，再回过头来重新阅读并理解跳过的部分就行了。总的一句话，只要有心想"学习"某种东西，就必定能够找到自己寻求的"宝物"。

如能登上高山，则感动也会更大

池田 读书从某种意义上来说，就如同登山一样。山也有高山和低山之分。要想登上高山，那的确会很辛苦，但是，登上顶峰之后的感动，将会不同寻常的大。视野会很开阔，可以眺望到很遥远的地方。居高临下地俯瞰下去，其他山、丘的高度全部一览无遗。可以说，登山的过程越是艰辛，相应地，自己获得的"营养"也越多。

不过，即使明白了这个道理，如果突然一下子就要你去攀登高山，有时也难免会有些勉强或为难，说不定还会受到挫折，遇上灾难，或患上高山病什么的。（笑）这种时候，就先从附近的低矮小山开始登起也未尝不可。

也就是说，也可以先从自己比较感兴趣的领域的书开始读起，待逐渐养成阅读习惯，有了一定程度的"阅读能力"之后，腰腿都硬朗起来了，再去挑战更高的山。

如果高中时代暂时还看不明白，可以上到大学之后再挑战试试，或者成为社会人之后再挑战也行，一辈子都要坚持学习。重要的是，要树立起"将人类遗产全部变为自己的财富"

的决心。我希望大家都成为拥有"在青春时代里读遍千本书"这样一种气概的人。

各位都是 21 世纪的"负有使命之人"，在世界舞台上，若不能显示出优秀的修养和人格的话，别的方面无论再怎么出色也不会受人尊敬，而最终只会被人看作是赚钱的机器。

读书可以把一个人造就成"人"。我们绝不可成为简单的"技术工匠"。无论是哪个领域的领导者，如果连世界著名的长篇小说都不曾读过的话，不可能成为优秀的领导者。

要建立人本主义、以人为本的社会，领导者必须研读真正的文学巨著，这是非常重要的事。在这方面，海外的人士多是手不释卷，而日本人则有很多只是"做出一副读书的样子"而已。

要读书，不要死读书、被书读

在"粗纸簿"上留下读书的足迹

——读书的时候，有没有什么该注意的事呢？

池田　该注意的，那就是"要读书，而不要死读书、被书读"。这句话，我把它也记在了年轻时的"读书笔记"上。

"读书笔记"，是我在昭和二十一年至二十二年间，在用粗纸做成的簿子上孜孜不倦地记下来的东西。在当时，纸张也是贵重物品，所以尽管是粗纸做成的笔记簿，我也十分珍惜。每当读到令人感动的文章，我就把它写在簿子上。因为是粗纸，墨水会渗透开来，导致有不少字后来都认不出来了。

那时候，我经常提醒自己"要读书，而不要死读书、被书读"。读了之后，要将它变成自己的营养。吃食物也一样，如果不消化吸收的话，不可能转化成为自己身上的血、肉。若要好好消化，那就必须要思索。

牧口先生也曾经说过："别死读书，读了书一定要思考。现在的年轻人似乎读了不少书，但思考不足。读了书，并经过思索，才会成为自己的东西。"

三种读书方法

池田　户田先生曾经很具体地这么说过：

"读书的方法有很多种。第一种，是只追踪大致的故事情节，只想看有趣的部分，这是最粗浅的一种读法。

第二种，是一边读，一边思考其成书的过程及历史背景、当时的社会状况、书中人物以及作者想要表达的意思等等。

第三种，是详细了解作者的境遇、人生观、世界观、宇宙观及其思想的读书方法。如果没有读到这一步，其实算不上真正的读书。"

总而言之，自己身边常放有一本好书相伴很重要。记得我曾经得到一位前辈推荐，看了《竹泽先生这个人》（长与善郎），并从书中学到了很多东西。我经常和好朋友一起，大家互相推荐好书来看。

——要使书的内容成为"自己的东西"，是不是最好还是像先生您一样记"读书笔记"呢？

池田　能做到的人，最好是这么做吧。这还可以成为自己的精神史。做不到这一点的人，不妨在书的后边写上哪怕是三四行的感想。如果觉得"挺有趣"，那就把有趣的地方写下来，如果觉得"没意思"，那也把"为什么觉得没意思"记下。

另外，还有一种阅读方式，就是一边读一边画线标注上重点啦，或在有些地方插入写下些感想或不同意见什么的。当然，如果是借来的书，那就不能这么做了。（笑）

一句话，"写"是开始思索的契机。

肉体的营养是食物，而精神的营养是书

天才就是学习

池田　好像拿破仑也记过"读书笔记"呢。正所谓，"天才就是学习"。

据说他非常喜爱看书，从小就热衷于读《普鲁塔克英雄传》，并发奋"自己将来也要像这些英雄们一样地活着"。对了，各位也不妨从"传记"开始着手，这样说不定容易上手些。

他后来不论是远征埃及还是去到西班牙，都随身带上各种方面的书籍。据说在马车上都设有书架呢。对于他来说，读书才是"前进的动力"。

作家河上彻太郎在书里曾有过介绍，说是对拿破仑推崇

有加的斯汤达尔^(注6)曾经这么说过："正如燃料不烧到一定程度火车头就无法开动一样，每天早上起来如不读上几百页书，脑子就很难恢复到自己平常那样的正常运转状态。"（参照《河上彻太郎全集》6，劲草书房）

对于他们来说，读书就有如头脑和精神的"汽油"一样。他们就是从中获得力量，进而去创造、去斗争、去前进的。

正如健康的身体需要有"食物"的营养一样，健康的心灵需要的是"书籍"的营养。

进食方面也有讲究，光吃甜点或软绵绵的东西的话，最终会吃出病来。长期的挑食、偏食也不利于健康。同样道理，看书也不能回避有营养价值的好书。

有位思想家说过："坏书是堕落的使者，是将人引入歧途的向导，是使人堕入不幸的陷阱、施展魔力的毒手。"

而好的书呢，则有如伟大的教师、前辈、父亲和母亲一样。

好书中有"智慧之泉""生命之泉"，有"星星"，有人的"善良的灵魂"。

铅字可锻炼人的"想象力""思考力"

光看电视往往停留于感觉层面，过于肤浅

——有同学问："是不是最好别看漫画？"

池田 当然，"经常只看漫画"可就不好了。（笑）

重要的是要"建设自己"。看了漫画之后，自己的整个生活方式都发生了改变，或茅塞顿开、大彻大悟，或因受到极大震动而心灵得到洗涤……这样的情况说不定也会有的吧。

同时，确实也有不少比无聊的铅字有意思得多的优秀漫画作品。

以前，我自己也曾经就《明日之丈》（高森朝雄作，千叶彻弥画，讲谈社）做过演讲。那是一部描写"将生命燃烧至灰一样雪白"的青春励志剧。

不过也有意见认为，看漫画和电视，由于会受到已经创作出来的影像、形象的限制，无法发挥自己的想象力。

在这一点上，铅字文化的优点，我想就在于能够锻炼人的"想象力"和"思考力"。看电视和阅读书，两者有着根本上的差别。

"阅读"会将读到的深深地刻画在脑海和生命里，会成为建设自己的重要"食粮"和滋养。若只是"看"，便只会停留在感觉的层面上。"看"东西很简单，往往会以为所看到的就是知道了，但实际上这只是像"皮肤"似的感觉而已，并未能成为自己的"肉"和"骨头"。

当今日本的文化状况，也许正有点像"简单方便的快速食品到处泛滥"。如果受这样一种风潮的影响，不去挑战真正意义上的阅读，那将会变成毫无内涵的肤浅之人。那是人生的大失败。

我曾经被人问起过："有没有感到后悔的事？"我回答说：

"年轻时如能够再多读点书就更好了，这是我唯一的遗憾。"

——连池田先生都这么说的话，那我们这些人……就更没救了。

读书是耕耘自己"潜力之大地"

池田 无论读了多少书，学了多少东西，都不能说"这个程度可以了"。因为你们是要成长为 21 世纪的大树之人。胜负与成败，就取决于现在这个阶段通过读书来耕耘了多少自己的"心灵大地"。如果是经过了充分的耕耘并储蓄了丰富养分的肥沃大地，则大树可以尽情地、充分地无限生长。

每个人身上都拥有无限的"潜力之大地"，而用以耕耘这片大地的"锄头"就是读书。

希望大家的青春，都能成为全力以赴地挑战读书到了极限的青春，都可以问心无愧地说："再不可能读更多的书了！""再也学不了更多东西了！"

与历史对话

养成正确的历史观，洞察历史的真实

——这一部分的主题是"历史"。

既有人说自己"喜欢历史胜过一日三餐"，也有人觉得

"历史课尽是死记硬背的东西，没意思"。对学校里教的历史课有意见的人似乎挺多的。

历史课上，也有老师会讲一些令人感动的小轶事、小插曲，或利用映像资料来辅助教学……问题是学历史的意义究竟何在呢？

若从大处着眼，自然会"峰回路转，前途光明"

池田 首先一点，可以使自己能从大处着眼来看待问题。

比方说，人在走路的时候，如果一味地埋头往下看，反而会迷路。若看准一个大的标记，以它为目标前进，则不会迷失正确的方向。另外，如能够登高从山上往下四处瞭望，则更容易认清自己应走的路、应去的方向。

人生也是如此，若只从小处着眼去看待事物，被一些小事所局限，往往就会陷入烦恼的泥沼里，最终无法继续向前行。而本来能够克服的问题，最终也可能变得无法解决了。

但若能从大处着眼来看待问题的话，各种各样问题的解决之道都能自然而然地显现出来。个人的人生如此，在考虑社会和世界的未来的时候，道理也一样。

户田先生也曾经说过："对于领导者来说，重要的是多看历史书。"

从历史当中，可以看出时代的走向，也能够悟出引领时代潮流的方法。

歌德也曾经说过："不会从三千年的历史当中学习的人，

即使经过了一个又一个黑夜与白昼，生活了一天又一天，其实也有如浑然不觉地一直待在黑暗之中没什么两样。"（《歌德的名言》，高桥健二译编，弥生书房）

越是有烦恼，越应该读"历史"

池田　所以我想跟大家强调一点："千万不要被细微小事所局限，越是有烦恼，越应该学习历史。"

学习历史，有时就相当于自己也生活到了那个时代里。历史当中，有热血沸腾的革命战士，也有背信弃义的卑劣小人；有权倾一时的荣华富贵者，也不乏悲剧英雄以及为冀求安稳却不得不漂泊流浪的民众。有战乱，也有战争间隙那短暂的、有如透过枝叶间隙漏进来的阳光似的和平。

历史上，还有不少为了一些现在看来只是迷信的原因而导致很多人互相残杀、丧失生命的事，有为了仁爱而牺牲自己的正义之士，更有从苦恼的深渊中奋起，化不可能成为可能的伟人。

对这样的历史画卷，我们可以选择保持一定的距离感来旁观，也可以深入到其中去仔细了解。历史就是人们心中的映像，人们在自己的心中上映历史的戏剧。阅读历史的人，久而久之，自然就能以宏观的视野来看待事物，就能更好地来审视站在滔滔的历史长河最前端的自己，思考自己从何而来？身在何处？要往何处去？

历史又是自己的"根"。对历史有深厚涵养的人，能清楚地认识到自己的根，有相应的自觉。"了解历史"，其结果实际上就等同于认识自己、"了解自己本身"。

越是了解自己、了解人类本身的人，越能够看清历史的真相。

历史是"镜子"，是走向未来的"路标"

——既有人说"历史会重演"，但也有人说"历史不会重演"。究竟哪种说法正确呢？

池田　历史实际上说起来就是人类的倾向性、因果性、科学性，也可以说是"人类的统计学"。

比如说，天气虽然不可能完全预测出来，但可以从统计数据中看出其倾向性。人心也一样，虽然很难把握，但也可以通过追寻历史来推测其倾向性。

所以说，"历史"的研究，可以说就是"人类"的研究。由于不可能所有人都是历史家，因此，如何"以史为鉴"去开创未来就显得尤为重要。

各位都要创造新的历史，若没有"镜子"来对照，则连自己的相貌和姿态都不是很清楚，而如果有了"镜子"，就可以知道自己什么地方该怎么做了。

日本自古以来就把史书称为"镜"，如《大镜》《今镜》《水镜》《增镜》等。

户田先生曾经说过："历史很重要，历史是由过去到现在，由现在向未来，指引人们能够踏踏实实地走向和平、迈向人类共存的路标。"

要想依靠单个人去把握现在余下的历史的全部，那是相当困难的，因此，重要的是要掌握正确的历史观。

通过历史了解了人类的"恶的倾向"，就可以有意识地规避而避免重蹈覆辙。人们之所以会重复上演不好的历史，完全可以说"是因为未能记取历史的教训所致"。

历史传达的不一定都是"真相"

历史是编造出来的？

——如果是只求了解"何时发生了什么事"这样一种流于表面的学习方法，那是无法体会历史的意义的。

池田　把基本的东西学扎实是重要的，但更重要的是透过历史，磨炼自己分辨清楚"真实"的眼光。

正如拿破仑曾经说过："历史是经过协调好之后编造出来的东西。"的确也有这样的一面。被流传下来的历史，并不一定都准确地把握住了"真实"，当然，尽管某一事象所发生的年月日等等，应该是确定无误的事实。

有的时候，说不定流传下来的是与事实真相正好相反的，而有一些更重要的真实情况，却反而没有流传下来。

——这么说起来，我记得池田先生您的《年青时的日记》里有过这样一句话："要知道，书本上的历史错误连篇。自己的历史，唯有自己心中的历史，才可以写得真实，没有半点谎

言和修饰。"（1950 年 6 月 15 日，《池田大作全集》第 36 卷）

　　池田　历史传达的意思难免会有局限，我们切不可囫囵
吞枣。

　　例如，十字军的历史就是如此。关于十字军战争，欧洲
方面和阿拉伯方面的记载，可以说几乎没有共通之处。

　　在日本，采用的几乎都是欧洲方面的史料。仔细想想也
不难理解，从阿拉伯一方来看，首先就不可能有什么"十字
军"这样的美名，不过就是纯粹的"侵略者"而已。

　　据说当时的伊斯兰世界，实际上拥有比欧洲高得多的文
化水准，而欧洲实际上是对它们进行侵略、破坏和掠夺。至少
从阿拉伯的角度来看是这样的。在他们的历史上，有许多极尽
残暴的十字军的行为被记载了下来。

　　以怎样的历史观来看待十字军，这不单只是"过去"的
问题。对伊斯兰世界的偏见，至今依然根深蒂固，给世界的和
平投下了巨大的阴影。所以说，这其实是"现在"的问题，因
此也是关系到"未来"的问题。

　　是哥伦布"发现了"吗?

　　池田　另外，过去一直总是说"哥伦布发现新大陆"。可
是，大陆实际上早已经有人在居住。从欧洲的角度来看是"发
现"，但在土著原住民们看来，则完全不是这么回事。

　　关键问题在于，"发现"这个词里，包含有一种对土著原
住民居高临下的鄙视、歧视的傲慢。"征服者"们自命不凡，

甚至不把土著原住民当人看，在各个岛屿展开屠杀或强制劳役，导致原住民人口锐减，几乎濒临灭绝。

而且，本来当地的原住民是欢迎他们的，还给予他们以热情的帮助和款待，但没想到他们却背叛了这一切，反而以残酷的暴力相待。

对这样的历史事实，应该如何看待呢？"哥伦布发现了"这样的历史观，无疑就等于把"发现"这一方正当化了，而且等于是默许了同样的行为。

在"发现"这么一个词里，含有一种自命不凡的"历史观"和"人性观"，自以为是地认为自己有征服其他民族的资格。

这样一种也可以称之为"殖民地史观"的错误观念，造成了在其后的五百年间，不仅在南北美洲大陆，还在非洲、亚洲——在整个世界上，都上演了无数的悲剧。

所以说，历史观非常重要。从"发现"的历史观，会产生出"征服"的未来。这是不幸的，可悲的。

事实上，日本在对亚洲各国的侵略上，其背景也存在同样的观念。明治以后，日本一心要"追赶欧洲"，把"成为亚洲当中的欧洲人"作为目标（脱亚入欧），其结果，对亚洲的同胞们做出了如同哥伦布以后的残酷的"征服者"一样的行为。

日本人往往对白人卑躬屈膝，而对其他人种却傲慢不已，这样一种至今未改的两面性，就是源自这里。

因看问题角度的不同，会有一百八十度的改变

领导者的历史观会给社会带来影响

池田 本来日本应该与亚洲人民友好相处、以心相连，推动全世界走向和平的方向。领导者若是抱有这样的"历史观"，亦即"未来观"，日本的近代史估计就会完全不一样了。

历史观很重要。香港大学的王赓武校长就曾经明确说过："领导者如果错误地理解了历史，将会给各种各样的决策带来不良影响，从而造成社会走向更加错误的方向。"（《圣教新闻》1992年2月22日）

——所以应该说，其实不是哥伦布"发现"新大陆，而是在那儿与原住民"相遇"了，是吗？

池田 对！如果是以"相遇"这样的历史观来看待，那就是对等的。至少有对对方怀有一种敬意。只不过，历史事实的真相只是单方面的"侵略"。另外，如果历史书只教授人们大航海时代的"英雄玛萨兰"，却不提及推翻"侵略者玛萨兰"的菲律宾勇士拉普拉普的抗争事迹的话，那自然就等于是在宣传"发现"史观了。

——也就是说，同样一个历史事件，如何去看待？如何去讲述？往往因观点、角度的不同，而会有180度的改变。

池田 不仅是历史事件，就连发生在现在的事情，也会因角度或立场的不同，会呈现出迥异不同的结果。

比如说，在某国发生了群众示威游行，群众与前来阻止的警察发生了打斗。

这时候，电视摄影机若是从民众一方的角度来拍摄的话，镜头画面特写放大的将会是"挥舞警棍、凶神恶煞的警员"，观众们看了之后应该是会同情示威游行者吧。

而相反地，摄影机若是站在警察这边的角度来拍，说不定画面特写显示的则是以"扔石头，打砸财物"来暴力抗法的游行者的一部分。

——也许观众看了之后就会感觉是"暴徒们在发动暴乱"了。

池田　根据所站立场的不同，所传递的却是180度完全不一样的讯息。双方拍摄到的映像也许都是"事实"，但"真实"到底是什么则另当别论了。另外，对发生了"示威游行"这么一个事实，因为什么而发生？为什么要被镇压？如果不了解清楚其背景的话，则不能说是知道了"真相"。

——现在是人们常说的"高度资讯化社会"，我觉得，资讯的"量"尽管大得惊人，但关键问题还在于"质"如何。

是从"民众方面"发出的讯息呢？还是从"当权者方面"发出的讯息？

此外，发出讯息的意图只是为了"赚钱"或"陷害人"，这种情况也非常多。

基本上都是"胜者书写的"历史

池田 现在发生的事件尚且如此，更何况对过去。要明鉴过去的真实，那是非常困难的事。尤其是，历史书几乎都是"胜者的历史"。正所谓："胜者为王，败者为寇。"一般都把胜者视为正义一方，而败者则被视为恶人。这点必须要牢记。

我们一定要让"正确的历史"流传下去，因此，我们绝不能认输，一定要创造出"正义胜利"的历史。

"史观"和"史眼"很重要。光是收集砖瓦是盖不了房屋的，只是收集了事实，那也写不成历史。所以，这里就隐藏着撰写历史的人"如何去组合收集来的事实"这么一种"哲学"。我们应该要辨明这一点。一边读历史书，一边要磨炼自己的眼光，多思考"这点应该是这样的吧""总觉得这有点不对劲""好像这个说法比较可信"等等，这样去探究历史的真相。

像这样去磨炼自己的心，就是培养正确的历史观。

要想做到这一点，唯有多学习、多思考、多体会，此外没有别的捷径。重要的是，无论何时何地都要保持公正、不偏不倚的精神，去追究"事实"，探究"真相"，不可有半点虚假。

关于对太平洋战争时代历史的认识和处理，一直是争议的问题。无论其是多么可耻的历史，都应该让事实作为历史的事实流传下去，这对日本民族也好，对人类也好，都是很重要的。那段历史虽然只是历史长河当中的一个片段，但如果不把"真实"留下来并负责任地好好保存下去的话，正确的历史观就会被歪曲，未来又将重蹈不幸。

留存正确的历史，就等于是留下人类和平和幸福之路。历史不能够去歪曲。如果去编造历史，那就成小说了。若把不好的事都隐藏起来，而只把值得自己骄傲的事情留存下来，那就不是历史书，而成了经过加工粉饰的"伪史书"了。历史必须写得客观、正确，必须重视证据、证人。

——在德国，关于纳粹的历史，一般认为至少要在学校"一年上约六十小时的课"才比较理想，并极力主张要求学生参观强制集中营（参照易安·布尔马《战争的记忆——日本人和德国人》，石井信平译，TBS布里塔尼卡）。这里可以看出他们是如何严谨地面对过去犯下的错误。

池田 我曾经与德国统一后的首任总统魏茨泽克会面（1991年6月），他是一位相当出色的人。

他说过一句名言："无视过去的人，对现在也是盲目的。"（1985年，德国败战40周年演讲，《荒野的四十年》，永井青彦译，岩波书系No55）

皇国史观的牺牲品

——个人也是一样，说谎的往往不会被人信赖。无论以什么样的理由来隐瞒战争的真相，那都是徒劳的，对吧？

池田 我清楚地记得，被充军到中国战场去的大哥，有一次回家来时，他充满愤怒地说："日本绝对是错误的。"

"日本真是太过分了！照那样下去，中国人可真是太可怜了。"哥哥后来也战死在缅甸战场上。他是个人格端正的人，他的死真是令人痛惜。被驱使参与亚洲侵略战争的日本军的士兵们，其实也是军国主义和皇国史观（注7）的牺牲品。为了不再重蹈覆辙，我们必须将事实原原本本地传达给下一代。

作为其活动之一，创价学会收集了普通民众的战争经历和体验，出版了百余册"反战系列刊物"（注8），其中也包括有加害者的证言，并出版了英文版、法文版、德文版、罗马尼亚文版，以及青少年版，还在世界各地举办了各种反战展览活动。

——由于有了这些真诚的行动，我们学会才在亚洲赢得了普遍信赖的对吧？

菲律宾大学国际交流中心命名为"IKEDA HALL"，真有点令人吃惊呀。据说在菲律宾，由于战时日军在菲律宾的残酷行为，导致当地反日情绪根深蒂固，以日本人的名字为官方建筑物命名，这还是首例呢。

池田　菲律宾大学的前任校长阿布衣巴，是我很珍惜的朋友。他的父母亲都是被日本军残酷杀害的。日本兵拷问、杀害了他们，最后还残忍地弃尸而去。类似这种笔墨难以尽诉的悲剧，在亚洲各国上演了无数。

阿布衣巴前校长说："日本的教科书刻意隐瞒事实，一直找理由试图把所做过的坏事正当化。亚洲的同胞们因为日本人的这种无耻和不诚实而蒙受了莫大的屈辱。那么多人目睹并忍受，刻画在心里的创痛，日本人究竟如何去抵赖呢？"

他的一番充满血泪的话，我至今无法忘怀。

池田 关于太平洋战争，高中生们当中有人表达了如下见解："日本对亚洲各国所做的一切实在很可恶。今后若不好好地加以赔罪、补偿，日本与亚洲国家是无法真心友好交往的。希望政治家能够清楚地认识到：这可不是金钱能够解决的问题。"

历史的写法，应该"由以国家为中心转向以民众为中心"

池田 的确如此。大家都挺不含糊。你们才是和平的希望。总之，正确的历史观需要有正确的"人性观""社会观"和"生命观"。要以"是否给人类、给民众带来了幸福"这样一种观点来重新验证所有的一切，这点很重要。

以往的历史，往往都是"以当权者为中心""以政治为中心""以国家为中心"的历史。我们必须要将其改写成为"以民众为中心""以生活为中心"，基于"人类的视点"的历史。

最近（1992年），欧洲出版发行了整个欧洲共通的历史教科书《欧洲的历史》。

这应该是尝试把迄今为止"各国各自的历史"，以更宽阔的视野来重新改写的新动向的体现吧。

我想，也应该挑战"亚洲共通的历史教科书"，或许还该探讨一下"人类共通的历史教科书"。

掌握历史先机的眼光

——池田先生早在中日关系尚处于极其艰难的寒冬时期时，就率先提倡恢复邦交正常化（1968 年 9 月）。真是有先见之明呀！

另外，自冷战时期开始，即致力于开拓跟苏联的友好之道，还早早就预测到"中苏必定和好"并展开了相应的行动，这种掌握历史先机的眼光，您是如何养成的呢？

池田 一两句话是很难说清楚的，但最根本的，应该是绝不放弃"对民众的信赖"吧。历史的主角是民众，若以长远的目光来看便可知，民众的意识、动向、愿望，比任何东西都要强韧。

圣雄甘地的信念也是这样。在描写他的电影《甘地》里，他有这么一段话："每当我失望的时候，总是这么想：纵观历史，真实与爱最终总会获胜。虽然也有暴君、残忍的当政者，有时候甚至看上去是所向无敌，但结果总是以灭亡告终。"

因此，"改变民众的意识"，是创造历史的一项根本作业。

青年改变了"歧视意识"

池田 例如，美国黑人在争取平等斗争中，有一项用餐柜台静坐运动。那是 1960 年由 4 位北卡罗来纳州农工大学的黑人学生发起的抗议运动。

所谓的"用餐柜台"，是设置在公交车总站或大型量贩店的柜台式餐厅。在当时，这类场所是"白人专用"，黑人则被排除在外。

有一天，对此气愤不过的 4 位黑人学生故意坐到了一家店的柜台位子上，还点了咖啡和点心之类的，于是，不仅遭到了店主的拒绝，还受到了周围群众的羞辱，甚至还遭到拳脚相向。

尽管如此，他们仍然忍受着，以"静坐"这种非暴力的方式，表达并贯彻自己对人种歧视的抵抗。

打烊时间到了，他们按时离开，第二天开店了再来，接着继续静坐。他们的这种行动逐渐引起了共鸣，白人学生也加入了进来，许许多多的学生纷纷在各地的用餐柜台展开了运动。

运动持续了一年半时间，参加人数多达 7 万人，据说被逮捕的学生达 3600 人之多。

这场仅由 4 名青年为了追求平等的权利、平等的社会而发起的勇气和信念之运动，极大地推进了废除人种歧视运动扎扎实实地前进了一大步。（参照本田创造《美国黑人的历史》，岩波书店）

——我们也不能认输，一定要创造出"新的历史"来。

谱写二十一世纪的"人类史"

"精神上的勇气"的缺失导致了"战争"

池田　青年必须要担当起责任来。有人说过："日本的历史，是民众绝望和忍气吞声的历史。"（《丸山真男集》4，岩波书店，要旨）这一点绝对必须要改变过来。

为此，必须拥有明辨真假的睿智，还要有无论怎样都要探寻"真实"、伸张正义的"精神上的勇气"。

我曾经与他本人见过面的、法国知名记者罗贝尔·吉兰^{（注9）}，二次世界大战时也在日本，根据他对身边周围的日本人观察的结果，得出一个结论：日本之所以无法阻止战争的发生，是因为日本人虽有"肉体上的勇气"，却没有"精神上的勇气"，甚至还欠缺"尊重真理"的重要之美德。因此，大家都稀里糊涂地被恶的力量牵着鼻子走。(参照罗贝尔·吉兰《日本人与战争》，根本长兵卫、天野恒雄译，朝日新闻社)

各位是新时代的新的领导者，在今后的"地球时代"里，一定要谱写崭新的"人类一体的历史"。

一个人的力量也许看上去显得有点微薄，但"再没有什么比合乎时宜的思想更有力量的东西了"。（雨果）

历史必定向着人道主义日益扩大的方向前进。我坚信，就算过程会迂回曲折，但总的大趋势是必定朝着这个方向前进的。

因此，拥有人类所谋求的人道主义哲学理念的各位，最应该站在开拓历史的"最前线"。

与艺术对话

耕耘好自己的"心田"吧！艺术之心，就是"总想着让大家快乐"

——今天的主题是"与艺术对话"，不过，一谈到"艺术"，总觉得这话题有点严肃。

池田 也许是有那么一点。

不过，对于小鸟的歌唱，还有那开得漫山遍野的花朵，估计谁都不会觉得严肃吧？看到月光下盛开的樱花，无论谁都会惊艳、着迷的吧？

看到蔚蓝的天空，会情不自禁地赞叹"啊，真美呀！"听到溪河的潺潺流水，人会感觉俗尘尽消。这就是爱美之心，就是艺术、文化之心。

"使人放松，让人舒畅"

池田 艺术绝不是什么特别高深的东西，本来一流的艺术就跟大自然一样，是一种"使人心情愉悦而舒畅""赋予万物生命力"的东西。

另外，女性都想变得漂亮一些，这也是对"美"的追求，与艺术、文化相通。把环境清扫、美化得干净一些，这也是

"美"的创造，也与艺术、文化相通。

有时房间里只是插上一朵花，整个房间就有焕然一新的感觉，氛围随之变得柔和起来，这就是"美"的力量。

艺术的世界让人"安详、舒畅"，而不会令人感到紧张、拘束。能鼓舞疲惫的心灵，纾解并开放封闭的心，这就是艺术，是文化。

——看来，觉得艺术高深、严肃而使人感到拘谨而紧张，那也许是由于把艺术当作一门"学问"的对象了的缘故。

进入深深的思索之前，首先要用心去听、去看

池田 艺术首先是要享受。若一开始就急于要去"理解"它，那反而会变得一头雾水、糊里糊涂。估计不会有人想要去"理解"鸟儿的歌唱吧？也没有人试图要去"理解"开满鲜花的原野吧？当然，有些优秀的作品，有时需要聚精会神地去品味方能解得其中奥妙。

但基本上来说，若是音乐，则首先应该是摈除杂念而专心去"听"，而如果是绘画，则应该首先专心于"看"。但往往看之前就先陷入思考的人很多。

例如，去美术馆这种事，在日本似乎是件比较特别或隆重的事情，但在欧洲等地方，人们从很小的时候开始就常去美术馆参观。这是非常理所当然的，而绝不是什么不寻常的事。这其中一个原因，也许与欧美的美术馆多是民主主义的成果有关。

　　过去，只有一小部分王侯贵族或大富豪们才能够收集和欣赏美术品，后来在普通民众们"让我们也欣赏欣赏吧"的呼声当中应运而生的，就是美术馆。简单地说来，就是这么回事。"美"应该大家共同来分享，美术馆就是由于这样一种民众需求的高涨而诞生的。

　　而与此不同的是，日本的美术馆是伴随着明治以来的近代化，在政府的"我们国家如果没有像欧洲那样的美术馆，那是令人羞耻的"这样的思维下产生的。由于是"官方"主导的美术馆，难免会变成"让你们也开开眼界吧"这样一种思维模式。

　　——似乎在说"你们应该懂得感恩才是"。这样一来，的确会让人感到拘谨，门槛高了很多。

　　池田　现在我想已经改变了很多，但"传统"这种东西往往根深蒂固，类似的观念依然残存在艺术和文化领域。

　　其实，文化应该是"使人愉悦、快乐"的，而端着架子高高在上的心态，与艺术是背道而驰的，但很多人却不了解这一点。

"感性的成长"要靠一辈子的长期培养

　　池田　要培养一颗既丰富自己的心灵，在表现自己的同时，又能够与他人和睦交流的心，培养一颗不是为了赢取名利、赚取金钱，而是一心要"想使别人快乐"的心，这才是真正的艺术、真正的文化。

而当今的知识分子和当权者们却不明白这一点，仅仅只是停留于满足自己的目的、自己的主张，这样下去的话，无论怎么努力都无法实现艺术和文化本来应有的目的。

因此，我希望各位能够成为拥有真正的"文化之心"的人。而要磨炼成这样一颗心，平时经常上上美术馆、听听音乐会是很重要的。另外，唱歌、绘画、动动手制作些工艺品，这些实际上都是在培育作为一个文化人应有的素养。

如果只是为了备考而学习，那就变成人生只为升学而活了。当然，这种为升学考试而学在某一特定的时间段内是迫不得已的，但我希望大家不要因此而迷失了需要花一辈子来"培育自己感性的成长"当中更为重要的东西。

多接触艺术、亲近艺术，这是很重要的。备考学习只是知识的追求而已，能够丰富我们心灵的是艺术、文化。学校里学的艺术课程也是很重要的，它可以扩展、深化并调和我们自身的世界和人生。

"瞧不起人"，是与"文化之心"相违背的

"学校里的艺术课程没什么意思……"

——在同学们当中，觉得作为学校里的课程的美术、艺术课"很乏味儿""简直是一种痛苦"的人相当多呢。

池田　说起这话题，我想起曾有一位有识之士说过："在日本，教艺术的老师当中往往乖僻而狂妄自大的人居多，难道

就不能平心静气、深入浅出地教课吗?"

究其原因,可以说是由于日本"培育艺术之心"的土壤过于贫瘠了的缘故吧。例如在教英语的老师当中,就有一些觉得自己英语强而瞧不起英文学不好的学生的人。

"技术"好坏另当别论,重要的是"心"

池田 同样的,教美术的老师中也有态度傲慢,自以为自己画得好、会雕刻,就瞧不起学生的人。其实身为教师所拥有的那点技术,只不过是作为职业人应有的技能而已。

能够千方百计想方设法地去引发学生的"艺术、文化之心"的人,才是伟大的教师。但很遗憾,现实情况似乎是:当今日本的艺术土壤上,这样的人实在太缺乏了。技术好坏另当别论,"心"才是最重要的,因为所谓文化,就是要"耕耘"人的心田。

"文化"英语读作"Culture",就是耕耘的意思。为了使那些被宿命束缚而活着的人们,也能在心灵大地上"盛开更美丽的花朵","结出果实",而去"耕耘大地",这就是"文化"本来的初衷。

所以说,"傲慢逞威"是一种与文化相违背的心态。有人就曾经评论:"待人傲慢,瞧不起人,这不是真正的艺术家,只是艺术工匠。"傲慢的艺术家是艺术工匠,而沽名钓誉的文化人只能说是文化商。

能够让众人都心悦诚服的人、让人尊重和感激的人,才是真正的艺术家、真正的文化人，我希望肩负着21世纪大任的各位明白这一点。

——您前面说到艺术能使人感到平静、轻松和开放，我想起在某一次聚会上，曾经有这样的事，有一位高中的同学演奏起了小提琴。

于是，本来一直低着头的参加者们顿时全都抬起了头，眼里闪着光，听得津津有味，场面气氛的变化真是让人惊讶不已。

在我认识的创价学会成员里，有一位某音乐学校的教师，据说也有过同样的经历。他自己经常在聚会上演奏钢琴。他说："演奏的时候，心里想的是要传达'菩萨界的音乐'，要把生活的'勇气'和'希望'送给周围的人。"

首先要学做人！

池田 真是了不起呀！没有艺术的世界是灰暗的世界，只有文化之花盛开，才会成为丰富多彩而明亮的世界。创价学会将文化运动从"草根大众"层面推广至"世界性交流"的层面，这实际上也是在扩展五彩缤纷的美丽花园。

——是呀。刚才提到的那位音乐教师"与音乐的邂逅"，听说也是始于创价学会少年部的合唱团，到了高二才正式踏上音乐之路。他是这么说的："我认为文化源自发现自我的喜悦，教导孩子们的时候也一样，能透过音乐去发现对方的个性时，那是最令人高兴的。从这个意义上来说，我想文化就是人性的追求。"

池田 正是如此。是对人性的追求，而不是追求名声、金钱、虚荣。世界性、历史性的艺术作品，也都是不考虑名声和金钱，而是一心"要留下自己的精神"，才得以留存至今的。那些以贪婪而卑微的心态创作出来的作品，都是些镀金的作品。

一流的艺术往往都有"生命力"，永远都是活着的。她们都灌注了作者的"生命"，蕴涵着灵魂。罗丹^(注10)曾经说过："对于艺术家而言，最要紧的是感动、爱、热望、颤栗和生活。在成为艺术家之前，首先应该是人！"（高田博厚、菊池一雄编《罗丹的名言抄》，高村光太郎译，岩波书店）

他强调：在成为艺术家之前，首先应该学做人！他那"作为一个人"的感动、希望、爱、颤栗等，通过其作品传达给了我们。我们的灵魂会因他作品中"灵魂的颤栗"而受到震撼。这就是艺术的体验。这种感动能够把作者和观赏者联结起来，当大家都一起共同分享感动时，人与人就能够超越国界，而紧密地联结在一起。

——真的是"心灵才是最重要的"呀！

不需要荣誉！

池田 中国的敦煌，被称为"沙漠中的大画廊"，是自4世纪以来兴盛了1000年以上的佛教美术宝库。致力于保护敦煌宝物并向世界宣扬的，就是已故的常书鸿^(注11)先生。他是一位非常了不起的人物，我与他数次会面，还出版了对谈集（《敦煌的光彩》，收录于《池田大作全集》第 17 卷）。

常书鸿先生本来是要在巴黎成为一流的西洋画家的，多次在各种美术大赛中获奖，可谓前途无量。可是有一天，他在塞纳河畔的旧书摊上看到了一本书，那是一本叫《敦煌石窟》的画册。

自己的祖国中国原来竟然有这么伟大的艺术杰作呀！而这些无价之宝，竟然就这么任凭外国的侵略者掠夺。

"回去吧！回中国去！用自己的本领来保护国宝！"

就这样，青年常书鸿毅然抛弃了荣誉，舍弃了巴黎的生活，奔向了沙漠中的敦煌。在那艰苦得甚至被人们称为"无期徒刑"似的生活中，他穷尽自己的一生去守护、修复艺术。由于生活过于艰辛，连前妻都难以忍受弃他而去。那可真是一场壮烈无比的奋战！

他说：我什么都不要，我只想保护"美"，一心只想把"美"的光彩传递给广大民众！

我认为，常先生的"心"里，有着一颗艺术的真正的"心"。

常先生说："敦煌艺术保存至今依然栩栩如生，那是因为画家们是用心、用灵魂来创作的。产生自心灵深处的创造力是真实的，不是虚假的。真正的艺术品即使历经千百年，依旧会让人深深感动。……有些表面看起来非常漂亮的艺术品，仔细端详后会发现其实是假的。"（《敦煌的光彩》）

确实是如此。当今的艺术和文化有一种趋势，即以"作者名气"和"金额"为标准来判断艺术作品的价值。这是残酷的、扭曲的，是悲剧。

尽管如此，为了使人类能够更丰裕、更快乐、更美满地生活下去，文化的追求将是永远的课题。

佛教和文化是表里一体的

池田 人类一方面有竞争、战争、嫉妒等残酷的一面；但另一方面，又具有向往和追求"生活过得更丰富、更美满、更明亮一些"的一面。可以说，这种两面性的矛盾和冲突的不断反复，就是人类发展的步伐和历史吧。

所以说，文化和艺术，是人类为了美化和享受自己作为一个人的最美好人生所必需的，是其他动物所没有的。这是一种引发出人们一心要在大地上建造"乐园"这么一种"善"心的工作，也是"作为人"的最理想的生活方式。只有艺术，才可以使人成为名副其实的人。

——所谓倾注了灵魂的艺术，我想这"灵魂"很多时候都反映了其信仰。往往大宗教必定产生出大文化。

池田 只要不与权力挂钩，一般的确是如此。基督教也是，在尚未与权力结合在一起的时代里，其文化也曾大放异彩。

缺乏思想的文化，以长远的眼光来看，一般是无法为大众所接受的。

宗教——尤其是佛教，其实就是文化，两者互为表里。

文化和佛教，都是要从"内面"去熏陶人们。

常先生也曾说过："敦煌艺术的创作源泉，说不定也来自宗教。……如果不相信佛教，我想绝对创作不出像敦煌壁画这样的作品来。"（参阅上述《敦煌的光彩》）

培育文化之心，创造和平世界

艺术＝从内面解放，权力＝从外部压抑

——"权力"和"傲慢之心"，还是会扼杀掉文化？

池田 是的。我的少年时代，正是整个日本全面进入战争的时代。当时那种气氛，似乎凡是追求真正的美术、艺术之类的都是反对战争的。

所以，当时被灌输的思想就是：音乐就是军歌，绘画就必须画军队、战车、战地护士等，简直就是政治扼杀了文化，是当权者的魔性在起作用。

文化和艺术是"从内面"去解放人心的，而权力却是"从外部"去压抑人性，两者正好相反。

——的确，世上的指导者们总是不能理解"美"，而基本上只是利用文化。

要奋起疾呼："人应该是这样的！"

池田 正因为如此，我们应该以民众的力量去促进文化的兴隆！欧洲的文艺复兴时期的艺术表现，从某种意义上来

说，是饱受教会束缚、政治压迫的民众奋起反击的结果，显示出"人理当如此"的伟大力量，其成就的不朽艺术得以留存至今。

当政者如果完全无意去了解文化和艺术，那是很可怕的事。那会很容易走上战争，步上法西斯主义的后尘。有一个相反的例子。

画家中川一政（1893—1991 年），曾经在随笔中提及德国文艺复兴时期的画家杜拉^(注12)。说起杜拉，他的铜版画也非常出名。

有一次，杜拉要在宫廷画壁画。当他爬上扶梯之后，只见梯子摇来晃去的，在一旁观看的皇帝立刻上去帮他压住扶稳。随从见状大吃一惊，责怪说："皇帝您怎么能做这等有失身份的事呢？"皇帝回答说："像我这样的皇帝，今后也会出现的，可是，像杜拉这样的艺术家，迄今为止没有过，今后估计也不会有的吧。"（参阅中川一政《我思古人》，讲谈社）

这是历史上皇帝格外珍惜一位艺术家的典型事例。

——他心里很清楚"什么人才是真正重要的"呀。

池田 有文化素养的人很重要。真正的文化人是和平主义者，能带领我们走向"美好的世界""旭日的世界""充满朝阳的世界"，而当权者却往往会引人走向黑暗，两者正好相反。因此，培育并扩展文化之"心灵"，就等于是在创造和平。

"学习"的敌人是"恐惧"

——在 21 世纪里，"有文化素养的人"很重要，这一点我们算是明白了。可要想成为这样的人，应该怎么做呢？自己既不会唱歌，也不会绘画……我想持有这种想法的人一定不少。

池田　我自己对绘画也不拿手，字也写得不好，但我总是不忘要去"欣赏好的画""欣赏好的书法作品"，也因此至今仍然获益良多。

一个人应该活得贤明、聪明一些，有的时候，只要绕个弯就可以去到目的地，但人们却往往认为已经"走投无路"而停滞不前。

——这种情况在学校的课堂学习上也有发生。有的人认为"再怎么努力都没用"，"已经走到尽头了"。

池田　可实际上并非如此，反而是因为自己认定是这样了，才会"走到死胡同里"的。"学习"最大的敌人是"恐惧"，无论是语学方面也好，艺术方面也好，什么方面都是这样。

"做不好会被取笑的吧。""弄错了会很丢脸的。""连这个都不会，肯定会被人瞧不起。"一旦有了这些恐惧，学习就很难再往前进了。所以，要拿出"勇气"来，就算被人取笑也无所谓。那些取笑认真努力的人才是可耻的。我们没必要去跟别人比较，只要自己不断进步就好。

教师方面呢，越是优秀的教师就越不会让学生产生"恐惧"。因为他们知道，"畏缩不前"是妨碍人的才能发挥的最大障碍。

——看来，凡事趾高气扬，待人恃傲逞强，这样的确会"扼杀文化"呀。实际上，也有不少作为美术馆、音乐厅，但却造成一种气氛让人感到紧张、拘谨的地方，这些本来应该是让人感到轻松、治愈的场所才是呀。

文化应该是"大家共同分享"的

与美相遇时，人能够回归于"人"

池田　文化必须是让"大家共同分享"的东西。

文化、艺术是平等的，在与"美"相遇时，所有人都平等地回归到"人"这个基点上来。而一旦回归到"人"，则不再有什么老板和员工之分，也不再有老师和学生之分、专家和外行人之分了。

我们生活的世界是个有严格等级差别的社会，在这样的社会当中，需要有一个能够让所有人都平等地回归到"人"的场所，那就是"文化广场""艺术森林"。

其实，宗教本来的社会功能之一也在于此。因此，在接触文化、艺术的人们当中，如何去培育起"文化之心"，这是个关键问题。比如说，有的人自恃"我对外国文化很有研究"而狂妄自傲，这样的人其实只是在利用文化而已。

——日本之所以被评价为"教育水平那么高，但却欠缺文化方面的教养"，也是因为这样一种"文化之心"方面的问题吗?

池田　日本被认为是"文化三等国",甚至还有人说是"五等国"。

日本的领导人也好,教师和学生也好,自己本身都没有成为文化素养高的人,也没有理解文化的重要性,不,应该说并没有努力去理解,也不想去接触和实践,而只重外在和形式,因此,并没有掌握真正的文化。

迄今为止一直以经济优先,而只把文化当作附属品,导致形成了以价格、金钱来判断文化价值的国民性。这点若不加以改进,日本将不会有美好的未来。

——您刚才说到"文化一直只被当作附属品",其实现在这种想法不也还是根深蒂固的吗?

经济富足了,"接下来该重视文化了",这样的风潮最终给人的感觉也只是将文化当成装饰品,用来撑撑场面而已。

人们至今还是未能真正理解,文化对于人来说是不可或缺的这样一种重要性。

文化是"人性的解放"

一心想让生活"绽放出美丽花朵"的心情

池田　明治时期的大文豪夏目漱石 [注13] 有句名言:"诉诸理智会得罪人,动之以情又难以自制,坚持己见亦不舒畅,总而言之,人世间生活着实不易。当日子越来越不好过时,会想搬到稍微好过一点的地方去，而当无论搬到哪里都不好过时，诗、画自然就会涌现出来了。"(《草枕》，收录于《夏目漱石全集》2，筑摩书房)

人必须要生活下去，要一边劳作、饮食，一边一天天地度日。人的一生就是不断地重复这种生活。

在这样的生活状态中，人类不断进步，不断追求更理想的生活，都有一种想让生活"绽放出美丽花朵"的心情，如此心情下产生出来的，就是文化、艺术。生活是艰苦的，就如同蔷薇花树一样，树上会有很多刺，而艺术、文化就是盛开在带刺树上的蔷薇花。

——也就是说，没有艺术的人生，就仿佛是少了花朵的大自然一样，对吧？

池田 这里的"花"，其实就是自己本身，就是自己的"人性"。

自己身上"人性"的解放就是艺术。社会的机构总有一种倾向，往往把人当作某种机器零件一样来对待，划分成等级，加以压迫和利用。要想恢复因此而丧失了的、被扭曲了的人性，需要有什么才行呢？

人们都有一种长期以来被压抑而累积在自己心中的"情感"，有一种无声的"呐喊"。将心中这些情感或呐喊化成为声音，或变成某种形式表达出来，就是艺术。这种感情也可以通过娱乐或游戏消遣的方式来发泄，但即使一时恢复了精神，却难以获得真正的充实感和理想效果，生命不会由此而生辉，内心底层依然空虚。这是因为自己本身的本质，或者说自己灵魂的欲求，并没有从心灵深处解放出来的缘故。

佛法能触发人们"最美好的文化人生"

池田 藏于心灵深处的"灵魂"的呐喊就是艺术。

通过创造艺术、欣赏艺术，受压抑的灵魂可以得到解放，所以有欢喜。超越了技术的优劣而把自己原本的整个生命表现出来所获得的喜悦和感动，就是文化。

观赏者也会为作品的激烈、坚强、真挚和美所打动。所以，作为一个人"活出真我"来，与"艺术"是决然分不开的。

樱梅桃李——各自发挥自己的个性，以自己的生活态度和方式努力不懈地生活下去，这本身就与艺术、文化之心是相通的。

所谓文化，就是"人性的开花"。所以，她可以超越国境、超越时代、超越所有一切差异。而正确的佛法实践，将能触发人们去耕耘自己，度过自己最美好的"文化人生"。

——原来文化还有这么深的含义。看来，把文化看作"附属品"的社会，的确难以称得上说是人性化的理想社会。这下明白了。

把"美"的价值进一步推广，则"和平"不难实现

池田 重视文化的社会，就是重视"人类幸福"的社会。牧口先生曾说过："对'美、利、善'的追求，是人类的幸福。"

所谓"利"，就是对广义上的利益的追求，与幸福是相通的；"善"，是对正义的追求，也与幸福相通；而"美"呢，则是对艺术、文化的追求，同样与幸福相通。因此，少了其中任何一项都有失偏颇，会成为一个失衡的社会，人们将无法获得幸福。

当今的日本，偏重的是政治、经济和科学技术。因此，更需要重视文化、艺术的层面，也就是说，重要的是要重视并推广"美"的价值。这样的努力，会使日本成为"人性化的国家"，成为也能获得世界各国信赖的国家，进而创造世界和平。

——我们知道池田先生就是始终为此而奋斗不已的，但长期以来却遭到一些不懂文化之心的小人中伤、打压，实在令人愤慨！

池田 自从遇到户田先生的 19 岁那年开始，我就认识到："唯有建立文化国家，除此之外别无他法。要想从战争的悲剧当中重建起精神来，只有靠文化。"这是世界共通的法则。我的这一初衷至今未改。作为一个民间人士，我能在世界上从事

如此众多的国际性交流，赢得各方的信赖和赞赏，这都是有赖于文化的力量。

文化、教育的力量创造时代的"底流"

池田　我与汤因比 ^(注14) 博士进行对谈，是 25 年前的事（1972、1973 年）。

关于文化的重要性，我们当时也谈到了。就在我和博士交谈的时候，社会上正好在大肆报道、关注有关政治方面的新闻，那是有关国家首脑之间会面的消息。

当时博士就说过："我们的对谈也许现在不受人关注，但 10 年、20 年后，为众人所理解、赞叹的时刻必定会到来的吧。"现在果然应验了。（2005 年的今天，与汤因比博士的对谈集已经以 26 国语言出版，甚至还被有些人称为世界上有识之士的"必读书"）

文化的力量也许并不起眼，但能够改变人们的"心"。政治、经济虽然比较容易成为新闻热点，比较引人关注，但形成时代底流的是文化、教育的力量。我们不能光看河流的浅表部分。

——回到一开始的那个问题上，也就是说，即使水平很差也不必在意对吗？

池田　即使自己水平很差，也要多接触伟大的艺术。

能够为艺术的"美"而感动、赞叹，才是艺术之"心"。用心去看、去听，受到感动，并进而从中发现某种东西，这就是艺术之"心"。

——说是要接触"一流"的艺术，可是有同学说："什么是一流我也不知道。""别人认为好的作品，自己也感觉不出好在哪里。"到底什么样的才算是一流呢？

池田 能真正让自己感动、赞叹的，就是"一流的艺术"。不在于别人，"自己"才是感动的主体。我们不是用别人的眼睛来看，也不是用别人的耳朵来听，应该以自己的眼睛、自己的耳朵去欣赏，用自己的感性和心灵去感受、体会。如果只是附和他人的看法和意见，"因为别人都说好……"或"别人都认为不行，所以……"，这样一来的话，自己本身的心就会枯竭而死。

抛弃先入为主的成见，让自己以白纸一般的状态，不断坦率地去接触一切艺术。其中遇到能真正让自己感动的，那对于自己来说就是"一流"的。

懂得"一流"的人，可以识破"二流""三流"

杰作都蕴藏着"大自然"那样的生命力

——这么说来，一流的艺术，可以是因人而异的了？

池田 虽说因人而异，但也不是可以自己随便乱说的。能够鉴赏出真正好作品的眼光和能力，是可以通过不断努力去"养成"的。

如果自己不断进步的话，一些过去认为是好的东西，今天看起来却有点不以为然了。而有些以前没什么感觉的东西，现在却有可能会被深深地震撼和感动。

例如，至今在世界上都备受各界好评的作品，一般都是在漫长的历史当中感动了无数的人而备受推崇的，这样的作品必定自有其独到的魅力。

相反地，有些赝品说不定会轰动一时，但总是不会长久。

仰望蓝天，无论谁都会赞叹她的壮美；面对盛开的美丽樱花，又有谁能够无动于衷呢？一流的艺术，就是拥有某种与此相通的特质，有着"大自然"那样的"生命力"。为了给自己的作品注入这种生命力，真正的艺术家往往费尽千辛万苦，倾注了自己的全部生命。

——要养成能够鉴赏出这种"一流"艺术的眼光和能力，应该怎样才能做到呢？

池田　那还是得多看、多听被人们普遍誉为杰作的绘画和音乐吧。这样可以锻炼我们的感性，久而久之，自然就能够辨析良莠了。

如果总是接触二流、三流的东西，永远也无法体会一流的魅力。但如果看过一流的作品，二流、三流的东西一眼就能辨析出来，自然地，鉴赏的眼光和能力就有了。所以，最初应该从最好的东西开始接触起。有时候光是看书还不行，等有朝一日亲眼看到实物时，所获得的感动是不可同日而语的。

我自己在罗浮宫美术馆（巴黎）看到艺术品原作时的感动，那实在是笔墨难以形容。就好像"从照片上看某人"与

"跟其本人相见"时感受到的不同一样。所以，我们应该欣赏好的画作，聆听好的曲子。接触好的艺术，就是培养自己的"心"。

——也就是说，并不是每个人都能成为专家的，所以，重要的是"要有一颗热爱文化的心"，对吧？

文化不是装饰，关键要看心

池田 作为兴趣而喜欢绘画或唱歌的人，其内心其实与喜欢从事文化运动的人是相通的。

听说最近有些公司在招募人员时，倾向于招一些在文化、艺术方面"有一技之长"的人，其背后也许有各种各样不同的考虑，但也算是对此人所拥有的文化、艺术方面的素养给予肯定吧。

有一技之长的人，无论其以后是否会成名，但其拥有的"才能"和"宽大的胸怀"，都值得大家一起来为其高兴，一起来分享。真希望能多有一些这样的人，多一些这样宽大的胸襟。

能够发掘、创造这种"文化之心"，真是件非常令人尊敬的事。文化不是装饰，也不是附属品。能否通过文化的熏陶，"使人的心灵变得更丰富"才是最重要的。

——看来还是"心才是最重要的"呀。有一位在京都从事友禅布染工作的人就曾经说过："自己的心，往往会体现在自己所染的颜色上。比如说，如果拥有祈愿他人幸福的心的话，这种心意也会在画上反映出来。因此，我必须要好好地磨炼自己的心。"

她还说："我要把眼光放得更远一些，放眼向全世界，在吸收清新气息的同时，将代表日本文化的友禅布染推向全世界。"她甚至还强调说"要怀着一颗'为了世界''为了人'的心去努力实现自己的目标！"

池田 真是了不起呀！我希望尊重文化、热爱艺术的人不断地成长，不断地涌现。当越来越多这样的人，紧密地联结在一起，进而因这样一种共同的心愿而使国家与国家都联结在一起的时候，世界就会成为理想的世界，新的世纪也就会成为出现理想的人类社会的世纪了。

——那可就是真正的"和平的世纪"了。

如不锻炼"心"，就只会停留于"模仿"

"文化"与"野蛮"的矛盾和冲突，就是人类史

池田 和平与文化是一体的。文化国家可以成为和平国家，而和平国家也可以变成文化国家。当争斗越来越多的时候，文化就会荒废，国家就会走向地狱之国的方向。

"文化"对"野蛮"，两者之间的矛盾和冲突，也可以说就是人类史。冷战逐渐远去，"21 世纪该何去何从？"——这是世界的重大课题。

——先生您创立了民音（民主音乐协会）、富士美术馆

（东京、静冈）、创价大学等文化机构，可真是具有非凡的先见之明呀。创造出了伟大的"文化潮流"。

池田 最初大家可都是反对的。（笑）周围的人谁都不理解我。

——在这样的情况下，您也能预见到未来的时代潮流而毅然采取行动，这真是个具有独创性的举动呀，这本身就非常具有艺术性。无论是文化上，还是在其他领域，日本人都经常被认为是擅长于"模仿"，但如何才能具备独创性呢？

池田 当然，对美的追求，一开始先从"模仿"入手，这种情况还是比较多的吧。据说从词源上看，"学习"（日语发音MANABU）就是从"模仿"（日语发音MANEBU）开始的，并不是一开始就能够发挥独创性。比如弹钢琴一样，如对键盘都还不太清楚，就自己随便乱弹，那可不能叫独创。在最初的阶段，"模仿"也是引发出"新艺术"的一个手段。但是，如果总是停留在模仿的阶段，那就不行了。

在日本，往往总是只停留于模仿，总是达不到独创出自己的东西、自己的艺术的地步，这种情况似乎挺多的。

技术上也好，其他方面也是，就是一个只会模仿他人的"模仿国家"。靠模仿、仿造来赚钱，这就是迄今为止日本的一个总的趋势。模仿能力很强，但缺乏更进一步去"破壁"的努力。

——从"模仿"进入到"独创"，最根本的是什么呢？

用"心"去感受，用"心"来表现

池田　如果只是以眼睛来看，用耳朵来听的话，那往往会只停留于"模仿"阶段。心才是重要的。要用自己的"心"去感受，用心去表现。为此，需要付出呕心沥血的努力、追求和精进。经过了这个阶段，慢慢就会变得可以随心所欲地去表现了。

要努力。里奥纳多·达·芬奇[注15] 曾在自己的手记上这样写道："可怜的里奥纳多啊，你为何要那么辛苦呢?"(《里奥纳多·达·芬奇的手记》上，杉浦明平译，岩波文库)

另外，贝多芬[注16] 在临终前的病榻上，仍然念叨着要学亨德尔[注17] 的作品集。他说："我还有很多很多东西要向他学习呢。"(参阅小松一郎编译《贝多芬的书信》下《岩波文库》里的"注")

——那位世界著名的贝多芬? 印象中总觉得他应该是个以"再没有能超越我的天才了"而自豪的骄傲之人呀。

"真正的艺术家不会傲慢"

池田　当然，他也许也挺自负的。不过，伟大的人物大都很谦虚，懂得尊重他人。其实往往越是小人物，越喜欢嫉妒别人。

贝多芬曾给一位少女这么写道："真正的艺术家绝不傲慢。他们深知艺术的无边无际，感叹目标之遥不可及。虽然备受人们的赞叹，但他们知道有更优秀的天才有如太阳一般在遥远的

彼方闪耀光辉，深为自己无法达到该境界而悲伤。"（同上述《贝多芬的书信》上）

——看来，正是因为他有这份谦虚，才能够创作出那么出色的作品来的呀。

池田 我记得好像是在同一封信里，贝多芬还写过类似这样的话："如果说一个人'很优秀'，那就不外乎说他是个'好人'。"也就是说，他认为人的"心"才是重要的："我觉得：如果某个人能够被大家评价为比别的人优秀的话，那他必须是属于一个比其他的人都要好的人才行。"（参阅上述《贝多芬的书信》下）

——也就是说，"人品"很重要对吧？的确，也有的虽然是有名的艺术家，但其人品却令人难以恭维。

池田 是的。所以说，我们欣赏某人的曲子或画作，与尊敬创作了作品的艺术家是两回事。

不能把技术和才能的问题，与对其人物的尊敬问题混为一谈。所谓的文化人当中，生活颓废、举止蛮横的人不在少数。举一个也许有点极端的例子吧，希特勒（注18）也自称是一位艺术家。他也留有一些画作，看过的人对此评价不一，也有人认为："平心而论，他的技巧方面绝不算差。"但是，他绝对不是一个"文化之人"，而是野蛮人，是权力魔性的化身。

作为好的例子，我们来说说关于画家柯罗（注19）的轶事。

当有一位模特儿与一位贫穷的男性结婚的时候，柯罗竟亲自为她张罗嫁妆。有一位潦倒的画家朋友没有房子住了，柯罗就帮他买了一间小屋。就这样，他有了名声以后，经常援助周围遇到困难的人。

据说有一位女性是这么评价柯罗的："我不知道他的画作是不是全都称得上杰作，但是，他的人本身，就是上帝造出来的杰作。"（引自北岛广雄《美术森林的巨人们》，画报社）

——看来，就算是艺术家，也不能不注重自己的人品而只顾自私自利呀。

自私而任性，将无法产生出"独创"

池田　独创与自私任性是不同的。自然流露的个性与标新立异、哗众取宠也完全不一样。

不，应该这么说，真正有个性的人，也许根本不会想到要刻意去表现自己的个性，倒不如说他是谦虚地臣服于自然、生命和真实，并试图将其表现出来。作为其结果，作品中会自然而然地体现出其显而易见的个性来——这才是真正的独创性。罗丹所强调的"雕刻不需要独创，需要的是生命"（上述《罗丹的名言抄》），大概说的也是同样的意思。

——真正的独创性，我想即使不是艺术家也很重要。特别是今后的时代，只作为"模仿的日本"看来是行不通的了。

池田　应该是到了这样的时代了。今后将是"创造力的竞争"。可是，创造性这个东西说起来简单，其实并不是那么容易的，是需要经过流血流汗的奋斗的。

因为必定会遭到保守人士的反对，还需要忍受不被人理解的孤独，为此需要有勇气、坚韧不拔的精神以及不迷失于利益的信念。

——从这个意义上来看，日本人之所以被认为"缺乏独创性"，也许就因为缺乏这种勇气和信念。

奔向盛开人类文化之花的"独创性世纪"

池田　我希望各位将日本和世界改造成充满创造性的文化社会。

在 20 世纪里，发生了两次世界大战，杀死了太多人的生命。

在人类史上，被称为最"文明进步的世纪"，但却又是历史上进行了最"野蛮的大屠杀"的，就是这个 20 世纪。奥斯维辛集中营大屠杀、广岛和长崎的核爆、南京大屠杀[注20]等等，就是这种悲剧的象征。

这就是血的教训。即使表面上看似"文明社会"，但若缺少爱惜人类的"文化之心"，就不可能有和平。一旦失去了这种"文化之心"，"文明的利器"转眼间就会变成"恶魔的工具"。

牧口先生一直教导我们说："教育是创造'人格价值'的最高艺术。"这真是一句不朽的名言。

艺术并不是某些人的专利，培育人也是艺术，培育自己也是艺术。美好的人生、美好的行动、美好的祈求全都是艺术。燃烧起整个生命，去将人与人之间的美丽心灵联结在一起，这就是了不起的和平的艺术。

经过了耕耘的生命与文化结合为一体，就会产生 21 世纪的"人类文化"。当开花的生命与艺术结合在一起时，自然就会产生出"人类艺术"。而努力去创造这样一个美好的"创造性世纪"，就是各位的使命。

与大自然对话

与自然"协调"还是"破坏"自然？人类本身的生活方式很重要

——先生您拍摄的照片以自然风景居多，您是以怎样的心情来拍摄的呢？看了您拍的作品，常常会令人惊讶不已：平常看惯了的风景，原来竟然这么美？

池田　我是以一种"与自然对话"的心情来按下快门的。

通过"与自然对话"，可以更加清楚地认识真正的自己，认识人类，认识生命。自然就是一面"镜子"。

自然是不动的，但自己会动。自然静止不变，但自己却无时无刻不在变化着。我们可以通过自然这面"镜子"，去凝视自己的内心、人类的本质以及生命的浩瀚。

——有一位女子高中生说："每当天气晴朗的时候，我就会变得神清气爽。我觉得，这是因为感受到了来自大自然的、而不是人为地装饰出来的、尊贵的太阳、清风和草木的缘故。"

我想，她也是以她自己的方式在与天空、太阳对话。

"依正不二"

池田 是啊！生命是因为有了与自然的交集、互动，才会变得生机盎然起来的。

所有一切生物，唯有生活在太阳、月亮、星辰之下，在被花草树木、清澈流水包围着的自然环境当中，才会变得生气蓬勃起来。污秽、腐烂的环境是不自然的，人若置身于这样的环境，则心灵也会受到污染。这就是"依正不二"。

——所谓依正不二，说的就是环境（依报）与在该环境下生活的生命（正报）是一体（不二）的，对吗？

池田 是的。人是不可能离开自然而存在的。破坏自然，是人类的傲慢，是愚蠢的。

我非常喜欢读国木田独步^{（注21）}的《武藏野》，书中随处可见对美丽的自然风光的描述，我至今仍然记得很多。

例如："从树梢的缝隙，可以窥见蔚蓝的万里晴空，阳光洒落在随风摇曳的树叶上，那种美妙用言语无法形容。"（岩波文库）

——每当接触到如此美丽的自然，自己也不禁有一种心灵得到洗涤的感觉。这也是一种"与自然的对话"吧？

池田 我就是要将这种"与自然的对话"留下来，想和大家一起分享来自大自然的喜悦，而去拍摄自然的。

照片是用"心"去拍摄的。罗伯特·卡帕^(注22)到战场上去拍摄战争的惨状，而我呢，则是想把大自然的重要性留下来。

在现代社会，对自然的大生命的追求越来越少了，而研究其他的学问占了压倒性多数。这样下去，研究也许会越来越深入、精致，但因为脱离了生命的根源，将会成为不切实际的学问。

过去的优秀艺术和文化，也是因为热爱自然，生活于自然当中才得以产生出来的。随着自然环境不断遭到破坏，艺术也沦为了一种技巧性的追求。

萤火虫的故事

——关西的创价学园因萤火虫而颇为出名。听说老师和学生们齐心协力，一起来致力于萤火虫的养殖和保护。好像这也是在池田先生您的提议下开始的吧？

听说他们曾经不分寒暑，专门找来淡水小螺，用以悉心喂养、照料幼虫。

养育生物是件非常不容易的事。据说有一次，他们把原本用于晒相的容器清洗得一干二净之后，用来养殖萤火虫，却料想不到由于残留了少量的显像用药物成分，而导致放入的幼虫全部死光。

池田　那件事使大家深切体会到了"生命的尊贵"吧！

萤火虫从幼虫长到成虫后，能发出美丽的荧光的期间只有短短的两个星期，而在这短暂的时间里，却上演了一场庄严的大自然的生死戏剧。

我小的时候，家住在东京的大田区，屋旁有樱花树，附近有个小池塘。池水流溢出来形成的小溪，一到夏天就飞着许多萤火虫。萤火虫翩翩飞舞的地方，象征着人与自然的和睦相处。可以说，萤火虫是和平的象征。

后来我听到学园的人报告说："那些饲养过萤火虫的孩子们，全都成长为心地善良的人。"

——萤火虫在世界各地都有的吧？

池田 位于佛罗伦萨的意大利文化会馆，也有美丽的小萤火虫。

巴西诗人蒂亚格·梅洛 [注23] 在关西学园的时候，也谈起过这样的回忆："那是我孩提时候的回忆。在亚马孙的一个夜晚，天上布满了星星，满天的星斗又映照在亚马孙的'黑河'上，仿佛就像镜子一样，天上的星星加上水面上的星星，在这之间还飞舞着成千上万只萤火虫，在那一瞬间，有如数十万颗地上的星星在闪耀……那光景实在是令人难忘。"

对那些致力于自然保护的人，才应该颁发最高勋章

"种植生命"

——那可真是一种听一听都让人心里激动的、梦幻似的

光景呀！梅洛氏作为"亚马孙的守护者"而闻名于世，SGI 也在亚马孙展开了植树造林的工作吧。

池田　在亚马孙植树造林，就是很雄壮的艺术。

无论是否有人看见，也无论是否有人知道，他们都默默地在泥泞中挥洒汗水，坚韧不拔地做着朴实无华的劳作。对于这样的人，才应该颁发勋章。

这个世界必须要成为能为这样一些无名的"自然守护者"授予荣誉的世界。仅仅是因为从政时间长了就为其颁发勋章，这实在是"不自然"。能不能有哪位政治家勇敢地站出来，在国会上做一场呼吁切实保护自然、爱护自然的演讲呢？

政治也必须为人类的幸福而服务。如果只考虑以经济、政治、科学为优先，而去破坏广大民众世世代代爱惜、保护下来的美丽大自然，这实在是莫大的悲剧。而要认真地去考虑如何处理、平衡好这些关系，最终也只能靠人类自己。

我在跟某位人士交谈时，也曾经有过提议，希望在日本全国各地的所有车站，都种植上各有特色的花木，使得有的车站开满樱花，有的车站盛开杜鹃花，而有的车站则绽放的是滕花。道路两旁，最好也都多种上些行道树。在中国，就有很多在路两旁种植有行道树的林荫大道。

在创价大学的校园里，我们也种植了很多杜鹃花。因为我们认为，在丰富的自然环境里，才有可能施行真正的人本主义教育。

大石寺^(注24)原本也种有很多樱花树，只不过后来被一群

破坏自然的家伙都砍伐掉了。（280 棵樱花树全部被日显宗砍伐殆尽）

——据说有海外的人士听了这骇人听闻的消息后，非常愤慨地说："光凭这一点就可以知道他们是一群坏透了顶的人。太不像话了，简直是难以想象的野蛮行为。"

池田 在环境保护比较先进的国家，一般都有很多为了保护自然环境而定的严格的法律。听说在巴西，公共用地就不用说了，就连私家用地，如果没有取得监督机构的许可，一棵树都不能砍伐。自古以来就有这样的说法："种树就等于是种植生命。"这句话的含义应该值得大家仔细地去玩味吧。

——在整个世界范围内，自然环境都正处于危机状态之中，这实际上都是"人类本身"的问题对吧？

人心的破坏会导致对自然的破坏

池田 是的。这是"人"的问题。

佛法以"十界"（地狱、饿鬼、畜生、修罗、人、天、声闻、缘觉、菩萨、佛）来说明生命的状态。"人界"居中，人界以下是违反自然的生命状态，而至上的四圣（声闻、缘觉、菩萨、佛的生命）是爱护自然的生命状态，立志要建立自然得以丰富发展的乐土。

要想改变赶尽杀绝的畜生界生命状态，彻底改变使自然荒芜的丑陋人性，要靠人的理智、文化和信仰。正所谓"依正不二"，人类的"心"一旦被破坏，就会去污染、破坏

"自然"。

地球的沙漠化，与人类"心灵的沙漠化"是一体的。而战争则是其中之最，既破坏自然，又破坏人的心灵。

20世纪是"战争的世纪"，我们必须要让21世纪成为"生命的世纪"，成为一个使生命在经济、政治、科学的所有领域都能够得到优先考量的世纪。

——在我们周围的地方，环境破坏现象也在层出不穷。绿色的小山坡和空地不断地被"开发"，而代之以林立的公寓大楼等。就连可以遛狗散步的场所都没有了，真有点令人喘不过气来。

池田 破坏自然就等于是破坏人类。因为自然是人类的故乡，所有的生命，包括人类，都是从大自然中诞生而来的。不是机械，也不是科学。一句话，人是从"自然"这么一个环境中诞生的，不是人工制造出来的。

关于人类的起源，既有认为诞生于非洲的说法，也有人认为是基于某种因果关系，而在世界各地同时诞生的。尽管众说纷纭、莫衷一是，但是，从大自然中诞生而来这一点却是不争的事实。

因此，脱离自然界越远，人类的生存机制就越混乱。如果没有意识到这一点，人类的未来就将是不幸的。

"去打赤脚吧！去种树吧！"

池田 法国的卢梭曾大声呼吁"回归自然吧"。过度机械化的文明，过于偏重科学，以经济为优先，在这样的文明当中，人类的生活方式都被扭曲了。估计卢梭是针对这样的悲剧发出呼吁的吧。

户田先生曾经对青少年们呼吁："去打赤脚吧！去种树吧！"他有意识地要培养孩子们养成植根于大自然当中的生活方式。

人类希望自己变得健康一些，这也是自然的法则。为了健康，我们想呼吸新鲜的空气，想欣赏美丽的绿色和花草，大家都想走向大自然，就如同向日葵总是朝向太阳的方向一样。

金钱是买不到蓝天的，也没有人可以独占阳光和清风。破坏大自然的是人，能协调好与自然的关系的也是人。我们切不可忘记人与自然的一体感。

——确实，我们现在的生活越来越方便了，只要出钱什么都能买到。就连食物也是一样，24 小时什么时候都可以买得到。物品日益丰富，越是愿意花时间挑选，越能挑到好东西。

但是，我们说不定正为此而破坏着自然，人性也正因此而日益逐渐丧失。

汉堡包在"吞食森林"

——有一家著名的汉堡包店，大部分商品都是经冷冻之后从工厂送来。为了能根据顾客的点餐需求随时提供热腾腾的食品，他们预先将食品加热好以备用。

但是，加热后的食品，若 30 分钟后仍然卖不出去的话，因为要"提供更新鲜的食品"，他们就会把完全还可以食用的食品连同包装纸一起扔掉。

池田　这就是饱食社会的典型象征呀。这要是在过去，碗里留有一粒米饭都要挨骂。

要制作汉堡包，需要有大量便宜的"牛肉"，而喂养牛则必须有大量的"牧草"，为了确保足够的牧草地，就得把大片的森林砍伐掉。

据说，要生产出一个汉堡包所用的牛肉，需要耗掉 5 平方公尺的牧草地。

但是，森林被砍伐之后，下雨时肥沃的土壤也会随之流失，许多牧场在短短几年内就成了不毛之地。

据说在中美洲，人可以进入的热带雨林有三分之二遭到了砍伐（截至 1985 年），生活在那里的动植物因失去栖息地而灭绝，森林中的印第安人也失去了安身之所。用如此巨大的牺牲来换取商品，而且还毫不珍惜地把它们扔掉，这实在是太过分了。

关键问题还在于，这难道真的可以称为"富裕"吗？在同一个地球的另一边，每天都还有数万人因营养失调等原因而死去呢。

——的确，这总让人有一种感觉：从根本上就错了，人类选错了应该走的路。

生命之轮互相关联着

如果没有了森林

池田　由于科学的发达，油灯也被电灯取代了等等，生活的确是改善了。但正因为如此，科学越是发达，人类的"心"越是必须成为具有强烈的"爱护自然"愿望的"心"才对。我们有必要平衡好、处理好各方面的关系。

比如说"森林"吧。我们平时呼吸的氧气是谁制造的？是森林，是海里的海藻，是植物们花了几亿年时间制造出来的。

而"水"又怎样呢。我们日常的生活用水，有大半来自于河川。这些河流，无论晴天雨天，总是水流不断，这是为什么呢？

那是因为森林根部的土壤吸收了雨水，而作为地下水每天缓慢地流向河流所致。如果没有森林，山变得像沥青一样干硬，那天上降下的雨水，估计当天就会全部流向河流，然后被送到大海里去的吧。就好像拔掉了塞栓的浴缸水，很快就会流得一干二净。

"土地"也是如此。由于有凋零的树根、树叶、动物以及各种微生物的长期作用，形成了肥沃的土地。如果没有土地，无法种植水稻、蔬菜。而如果没有粮食，人类就会灭绝。而且，我们日常使用的橡胶、纸张、桌椅、木柜子以及居住的房子，都要使用木头，这一切都有赖于森林的恩惠是不言而喻的吧？

——也就是说，我们平时习以为常的"空气""水""土地""粮食"，甚至于包括我们的"生活"，全都是由森林来为我们支撑的对吧？

池田 还有呢。据说"砍伐了森林，海里也会捕不到鱼了"。

——为什么呢？

池田 前面提到过，一旦没有了森林，降下的雨水一下子就流入河流、海洋，由于夹杂着大量的泥沙，造成水质浑浊而使鱼类难以生存。大量倾入的雨水使水温降低，对水温比较敏感的鱼类非常不利。

此外，森林产生出来的营养成分，会源源不断地成为鱼类的饵食。正是因为有了森林，大海才能得以保护。（参阅富山和子《森林活着》，讲谈社）

——全都是紧密关联着的呀？

池田 大自然中，"生命"就像环状的"轮"一样互相连着，没有任何一样东西是没有关联的。无论破坏了哪一个部分，都必定会影响到其他的方面。

我们常说"大地母亲""海洋母亲""地球母亲"……大自然就是我们人类的母亲。欺负、伤害自己的"母亲"，那是莫大的罪过。

地球也是一个生命

——"自然界中所有一切都是尊贵的'生命',所有一切都是活着的。"我认为,持有这样一种哲学理念非常重要。

池田　我们是地球的一部分,而不是地球是我们的一部分。人类的傲慢,导致在这一点认知上完全弄错了。

加加林^(注25)作为人类第一次从宇宙看地球上的人,他说:"地球很蓝。"这是个非常重要的证言。大海的蓝,云朵的白,显示地球是"水构成的行星",散发着"生命"的光辉。

佛法的真髓,认为大自然中的一草一木,甚至连石块和尘土都有"佛"的生命。可以说,再没有比这更强调"生命之尊贵"的哲学了。

佛法以演绎法(先提示原理的方法)来直观地教示这种智慧。

科学方面,也应该有一种以归纳法(将各种事实归纳起来总结的方法)来提升"人类的生活方式"的决心吧?所有一切的出发点,都必须归结于此才对。

地球也是一个"生命",提出这种观点的"盖娅理论"非常有名。提倡者拉夫洛克博士说:"不可思议的是,也不知为什么,这个观点与提倡温柔和慈悲之心的人性价值竟不谋而合。"(《盖娅的时代》,斯瓦米·普连姆·普拉布达译,工作舍)

让 21 世纪成为鲜绿的 "生命的世纪"

"人性" 也随便抛弃？

——如果有这样温柔体贴之心的话，就不会随便乱扔垃圾了。

池田 随意丢弃垃圾、空罐，是傲慢的畜生心态，是一种完全不为后人着想的"自私自利"，是违反自然的生活态度和方式。

如果是爱惜自然的人，他是不可能随意扔弃垃圾的。乱丢垃圾无疑等于是丢掉了自己的"人性""人格"。

相反地，爱惜自然的人，能够纯粹地爱护他人，能够珍惜和平。他将会超越出那种斤斤计较、患得患失的"算计"的世界，而获得一种感情丰富的人生。

"算计的人生"，往往最终会把自己也"算计"了。算计总是有限的，而自然是无限的。

"算计的人生"，有时候自认为自己活得很有技巧，活得高明，占了便宜，但从大自然的眼光看来，那是贫瘠的、可悲的人生，最终还是自己的损失。

——比如说，捡起别人乱丢的垃圾，乍一看似乎有点吃亏。但能如此不计较得失，而是发自内心地从"爱护自然"的角度去实践，这就不简单了。对吧？

池田 只有这样不计较，自己才可以活得更富有人情味一些。

——也就是说，正因为社会进步了，个人的自觉才显得更重要，是吗？

池田 随着科学的不断发达，爱护自然并采取各种各样相应的行动，这是理所当然的。

比如说，"抛弃自己的任性，停止浪费能源的行为吧！""给自然多一份爱护吧！"等等。"生活的富裕"如果没有伴随"生活态度和方式"的改良，那最终不过是假象而已。

——有些意识到了这点的成员，都是持这样的观点："我觉得应该抛弃这样的想法：'反正光我一个人努力也是没用的'。"

"每个人都应该放弃这样的想法：'就我一个人乱扔也脏不到哪儿去，应该没关系吧？'这一点很重要！"

如果热爱美丽的地球的话，那就行动起来吧！

池田 正是如此。保护自然环境，可不像嘴上说的那么容易，有时候会遇到阻碍，有时甚至会遭人暗算。

大家知道美国海洋生物学者雷切尔·卡森^(注26)吗？她所写的《沉默的春天》（1962年发刊），就是一本非常有勇气的、描写了环境污染问题的书。

当时，在美国大量撒用危险的农药，效果看起来倒是挺明显的，但逐渐逐渐地，就连害虫以外的昆虫啦鱼类也都消失了踪影，原本在树枝上欢快地歌唱的小鸟也接二连三地一一死去，"春天"变得沉默了。甚至在接触过农药的人当中，也开始陆续有人发病。

她于是写书揭发了这一事实，并呼吁停止使用有危险性的农药。书已发表，立刻遭受到难以想象的攻击。

——提出有理有据的正确主张也会受到攻击吗？

池田　正是因为正确，所以才受到攻击的呀。当时攻击的声浪来自因此而获取了巨大利益的企业，还有与企业勾结在一起的政府官员和政治家们。任何时代都是一样，我们必须要看破这种利益集团的构造。

接踵而来的还有农药相关业界的组织的声讨活动，业界杂志也对她进行了讽刺，指责她写的书"比她在书里大肆谴责的农药还要有害得多"。（琳达·利亚《雷切尔》，上远惠子译，东京书籍）

就连州政府的研究机构也来反驳她，因为该机构曾经从化学企业接受了大笔捐款。甚至有一段时间，电视、收音机每隔50分钟就抨击她一次："让《沉默的春天》沉默吧！"医师会也出面来附和这种声浪："关于农药对人体的影响，应该请教农药业界。"

可是，在这样的情况下，她仍然不屈不挠地继续坚持呼吁："这还只不过是世界正受到危险物质污染的可怕事实的一部分而已。"她的主张后来获得了民众的支持，环境保护意识也逐渐在全美国、全世界蔓延开来。

她的这种信念的火焰，在她两年后去世（1964年4月）以后，依然继续在人们心中熊熊燃烧，大幅度地改变了舆论的倾向。

她给年轻人们留下了这样一句话："能够感受得到地球的美丽和神秘的人，无论他是不是科学者，他都绝不会对人生感到厌倦，也绝不会受到孤独的侵蚀。"（*SENSE OF DONDER*，上远惠子译，佑学社）

肯尼亚有句谚语说："请珍惜地球吧！因为那不是从父母亲那儿继承来的，而是向孩子们借来的。"

但是，破坏环境的现代的大人们，却要把过大的"负资产"留给各位以及各位的子孙那一代。大人们以"经济"为最优先，而要把一直靠着自然的保护而获得的健康、文化、环境和生命都出卖掉。

所以，你们应该行动起来了。对"地球的美丽和神秘"尚未丧失感受的各位，应该发出自己的声音来。用自己的手来捍卫自己将要生活的 21 世纪，使它成为"生命的世纪"，这样的一场战斗已经开始。

与文学对话

以文学体会"人心"，以文学感悟"人生之深邃"

——这次想请教关于"文学"方面的问题。

以前您曾经以读书为主题，给我们大家谈过不少真知灼见（参阅本书 203 页）。打那以后，开始奋发起来挑战读书的人有很多。

人们往往以"很忙""有事情要做"等来开脱，为自己不读书而找理由，看来首先还是得下定决心：我要开始读书了！一旦下定决心，时间就有了。

有同学反映说："我开始慢慢找到读书的乐趣了。"

读文学是"为了考试？"

池田　为了大家能够度过更美好的人生，为了使大家都能成为善解人意的"有魅力的人"，我们就再来谈一次文学吧！

在当今的日本，文学被放在了远离生活的地方，似乎变成了只是"为了考试而不得不读"的东西了。

如果是这样的话，则我们的心灵就太过贫瘠了。我认为有必要让大家了解"让文学与自己本身进行交流"的魅力所在。

人的一生，一辈子都在探究、追求。"人究竟是什么？""什么才是美好的人生？"——而这场探究之旅的伴侣，就是文学。

——我想，乐趣也有各种各样的。电视游戏之类的，确实是很好玩，但玩乐过后什么也没有留下……持这种想法的人也不少。

不过，非常入迷地读过的文学作品，其所获得的感动是经久不衰的。

池田 是的。观看只是"一刹那",而阅读是有"永久性"的。光是观看会变得比较"被动",而阅读则需要经过一番努力了。只能自己去努力,自己发挥自己的想象力,逐字逐句、一页一页地读下去。

这过程虽然很艰苦,但越是艰苦就越能锻炼自己的心志和头脑。喜欢多读书的人,就连相貌都会改变。

不知不觉当中,阅读的努力就成为自然而然的了,甚至会变成一种乐趣。

文学是人性的画卷,要在年轻时刻画于心

年轻时的"猛读"

——看了先生您的《年轻时的日记》(收录于《池田大作全集》第36卷),为您那种惊人的读书气势而深深折服。

即使在户田先生事业破产、处境艰难的时候,那种读书气势也丝毫没有改变。在昭和二十六年(1951年)二月八日的日记里,您这样写道:"有志于宗教革命的十四名青年,踊跃聚集于恩师身边","轮流发表《不朽城》的读后感想"。

在二月二十一日的日记里,写有这样的字句:"年轻人,奋起吧!年轻人,前进吧!不畏礁石,不惧怒涛,一直不断地奋勇向前!像洛斯那样!像布鲁诺那样!像拿破仑、亚历山大、惠特曼、但丁一样。"

在二月二十四日的日记里，您写道："读完《三国志》全卷。结构宏大，而人的心理描写细腻入微。感觉就像描绘了活跃在大战乱中的众多武将和政治家的一幅雄伟的大画卷。其中有谋略、有爱情、有泪水、有气概和力量，还蕴含了许多的教训。有建设、有革命青年，还有刘备玄德的雄伟姿态……。"

在最窘迫、严峻的境遇当中，您依然展望着往后的 10 年、20 年而坚持不懈地读书。

在您的日记当中，可以看出到处洋溢着对文学的喜爱。有一天的日记这样写道："读了《基督山恩仇记》，感慨良多。"

又有一天，写的是"读《斯卡拉穆修》"。后来，还有："读书。《布鲁塔克英雄传》。晚睡。翌日再继续。""傍晚、到神田街。购入三本旧书。想买的书太多，捉襟见肘。"

听说先生您年轻时就立志"将来一定要写下文学巨著"，您是为什么喜欢上文学的呢？

池田 年轻时因为身体虚弱，不太可能从事什么体育运动。而读书呢，则是躺着也可以做的，自然而然地，读书的时候就多了起来。这是我的第一步。

如果是"不懂文学的领导者"，那社会将是不幸的

学理科的，对文学无法感兴趣

——有位同学问："我是读理科的，对文学之类的根本提

不起兴趣，是不是非读文学不可呢？"

池田 说话挺直率的嘛。其实，阅读文学作品，有助于理科方面的学问和知识的发挥。若光是学习理科方面的学问，会使头脑变得过于机械化。有了理智、情操和感情，才会变得有人情味一些，才像个真正的人。

文学，就是其中的润滑油。现代社会里，这一点被人们忘记了，而导致许多悲剧的产生。

一个国家的领导人，若只懂得科学的话，说不定就只会考虑制造武器。而如果懂得文学，内心就会变得丰富得多。因为文学是"发自心灵的文字"。

——说到理科，户田先生也是一位数学大家吧？

池田 户田先生是个数学方面的专家，但他同时也很懂文学。身为数学大家、宗教大家的他，曾经说过这样的话："如果不读文学的话，也很难理解数学和宗教。"而且他还极力让青年们多接触文学。

记得我在被户田先生最后一次询问"最近在读什么书"的时候，当时正读的是《爱弥儿》（卢梭）。

这其实也是广义上的文学书。我当时是抱着一种将来一定要创办学校的想法来读它的。文学是研究人的，是研究自己本身的，是研究人的无限的内心世界的。

如果不了解人心的话，在其他的领域也不可能真正的精通，无法理解其中的奥义。因为人类的所有一切文化，全都是从人的内心产生出来的。

这么说起来，这种理科、文科的区分法也是不可取的。

如果大多数的政治家和教育者，都是只精通于自己的专业而不了解文学的重要性的话，那么永远都无法形成美好的社会。社会上若尽是些有知识而没良心的、就像冷冰冰的机器人一样的专家，那可就危险了。

人生的"脉动"

——我每天在上下班电车里都在想：电车上这些大人们看的几乎都是些无聊的周刊杂志啦、低级趣味的小晚报什么的，日本可真是个心灵贫瘠的国家呀！

那些在学生时代曾经喜欢世界文学的人，一毕业了之后，好像也都不再接触了。

真希望现在的高中生们，都能够成为"一辈子坚持读文学名著，一辈子不断地探究人生"的人。

池田 只要年龄增长下去，自然就会成为大人了吗？其实不然。

重要的是，必须要有"作为一个人"的成长、"作为一个人"的富足才行。文学，就能教会我们做到这一点。

通过学习语言，我们可以把多个国家拉到我们的世界里来进行国际交流。

而"文学"，则更使我们的心灵世界向外扩展，从而能够与许多国家进行心灵之间的互动交流。邂逅好的文学，有时候甚至能改变人的一生。

　　文学是人生的脉动。年轻的时候，如果能让心灵感受到好的文学，人生就会变得有如血管里脉动着生机勃勃的新鲜血液似的。而没有如此感受的人，则心灵缺乏蓬勃的脉动，生活也是孤寂、空虚的。

　　例如，抬头仰望蓝天的时候，读过《战争与和平》的人，也许就会想起安德烈公爵仰望过的蓝天：手擎军旗冲在俄罗斯军的最前端并奋勇杀入法兰西军中的安德烈公爵负伤倒下了。他向上看到了头上高高的天空。"那高得深不可测的天空，还有静静地在她表面上漂流而去的灰色的云，除此之外，什么都没有了。多么静谧、安详、庄严啊！……我为什么到今天为止从来都没发现过这么高的天空呢？不过，我是多么的幸福啊！终于让我看到了这么高的天空。是的，除了这无限的天空之外，所有一切都是空的，所有一切都是虚假的。除了这天空以外，什么都不存在，什么都没有。可是，就连天空也没有呀，除了静寂和平安之外，什么都没有，这多么难得啊！……"（中村白叶译，《托尔斯泰全集》4，河出书房新社）

　　在用鲜血来洗血的战斗当中发现"和平的蓝色天空"——这是《战争与和平》的一个高潮。而那同样的蓝色天空，现在就在各位的头上。

　　另外，看着河流在流淌，若是读过海塞的《席特哈尔塔》的人，也许就可以分享到主人公席特哈尔塔在苦恼不堪的时候，"从河流那儿得到了启示"时的喜悦吧。河流从没有过一瞬间的停歇而一直不停地流淌，它一边不断地变化着，但却永远都在那里。它一直不改地永远在流淌，而流水却并非死水，永远是常新的。同样的道理，这个世界也是这样，每一个瞬间都是完美的，人类"现在""就在那儿"就可以得到幸福——而不是"总有一天""在某个地方"才能获得幸福。

人的性格方面，我们有时候可以从某个人身上看到哈姆雷特、堂吉诃德、达尔杜弗（伪君子，莫里哀的喜剧里的人物）的影子。有时候也会看到高傲的于连·索黑尔（斯汤达尔《红与黑》）、为了友人和恋人而上断头台的卡顿（狄更斯《双城记》）的影子吧。

来到大海我们会发现，既有《白鲸》（赫尔曼·梅尔维尔）里那样执着的海，也有《奥德赛》（荷马）里那样的漂泊的海；既有《保罗和维吉尼》（皮埃尔）里那样的悲情的海，也有似《万叶集》诗歌里常出现的海。

如果有文学方面的修养，则能够原原本本地看清那犹如万花筒般千变万化的人间百态和人的微妙心理，能够在无数汹涌翻滚的波浪深处洞察出浩瀚的生命大海。

要从"现在"就开始读书！

——有一位同学问起："读书方面，有没有只有现在这个年龄的我们才能够明白的东西呢？如果年纪再大一点的话，就理解不了啦，有这样的情况吗？"

池田 有的。过了一定年龄段，有时就不一定能做到了。

人到了一定年纪之后就很难再读书了，因为视力也不行了，又有很多事情要忙碌，即使想读也力不从心，读过的内容常常很快就会忘掉。你们现在可能暂时没法理解，但真的会这样。

凡事都有个"时机"的问题。如果年轻时能好好读，会在脑海里打上很深的烙印，会深深地铭刻在心中的某个地方，形成思想，成为有助于自己学习待人接物、看待问题的有益经验和力量。

唯有人类才能做的事，那就是"读书"。也许有人这么想："等将来什么时候有空了再读吧！"可是，不趁着年轻的时候读书，养成好习惯，将来也是不可能再读的。所以一定要趁着打好人生基础阶段的青春时代，好好读书，这是绝对要做的！

"到了国外，多谈谈好的文学"

池田 海外的知名人士，一般都会在演讲的引经据典当中提及文学的话题。其中有几位，还对日本文学有相当程度的了解。

我自己也曾经和俄罗斯的教育部长聊过《竹取物语》的话题，和汤因比博士聊过《万叶集》。也有人评论过《浦岛太郎》的。文学的话题与政治、经济的话题不一样，一般都很优美，沟通起来很快，也不会引起争吵。

户田先生就曾经对年轻的女生们说过："到国外的时候，要多和别人谈谈日本优美的小说。"

——可以引出很多的话题，又不会令人厌烦。这也是作为人的一种很重要的魅力呀。

池田　我希望大家都能成为可以落落大方地向别人讲述优美的"竹林公主"故事的女性。

哪一个国家都有自己的民间传说，往往很多民间传说都蕴含着其民族精神传承的意义。能够"世代相传"下来的东西，自有其独到的价值。

"时间"是最好的评论家。仅从这个意义上说，我希望大家去挑战阅读经过了"时间"检验的优秀文学作品。

——有的人说，总觉得西方文学跟自己"在性格上怎么也搭不到一起"而提不起兴趣。

池田　外国的文学作品，由于有翻译的问题，有时候读起来的确比较难理解。根据我的经验看，最开始读的两三成的时候往往比较困难，但一旦克服了这个阶段之后，就会突飞猛进了。

例如巴尔扎克^(注27)的《高老头》就是这样，对作为小说舞台的出租公寓的描述花了很长一段的篇幅，而迟迟没有开始进入故事的展开。但是，在描写对女儿的"为父之心"时，其精彩程度再也无人能比。

所以，读外国文学时，即便一开始艰难一些，也希望大家不要放弃，坚持不懈地努力读下去。就像登山路往高处去一样，逐渐逐渐地风景就好看起来的。

没有读书的时间

——有人反映说:"平时忙着要上私塾补习、打工或参加课外社团活动什么的,虽然也很想看书,但没有时间。"

池田 同时一起平行地看两三种书,也不失为一种读书方法。如轻松一点的小书,加上些短篇小说,再加上长篇小说。

在去上学的途中也好,或者某些时间的小空当也好,可以根据时间和场合选择着来看。说没时间,但总不可能连5分钟、10分钟的时间都找不到吧?并不是用一个完整而充裕的时间来看书才叫作"读书"的。有时候,忙里偷闲地挤出时间来读的书,反而印象会更深刻、更难忘。

"虚构的东西我不喜欢"

——有人说:"若是纪实文学、报告文学之类的话,我还可以接受,但小说之类虚构的东西,没什么意思。"

池田 的确,小说的内容里难免会有些技巧类的、虚构的部分。所以,尽量确保自己能够"不上书本的当"是很重要的。

但是,真正的文学里,会有森林、河流、星辰,有四季,有波澜万丈的历史。许多普通的小说就宛如庭院中的盆景一样。我们通过阅读世界文学名著,可以进入到更加深邃的世界里去。

我们如果不了解这样的世界,那是人生的一大损失。这就好比没见过大海的人，以为小河流的浅滩就是整个世界一样。

"总之就是不喜欢看书"

——有人说："总而言之就是不喜欢读书。一年也就只看一两本书。一翻开书就会打瞌睡。"有没有什么好办法呢？

池田　没什么别的好办法，只能努力。自己不肯努力，而光指望着有什么更好的捷径，那是不会有进步的。

运动方面也是如此，如果强调"我不喜欢跑步"而不做任何努力的话，那是不可能得到锻炼的。

看书时如果打瞌睡，那就睡好了，只要睡醒之后再继续接着看就是了。若不做任何努力，任何人都不可能做成什么事，也不可能了解自己的真正实力。那样的话，既不可能了解人生的深度，也不可能知道人生的美好，稀里糊涂地就把一生虚度过去了。

以这个作为一个大前提，还没有养成看书习惯的人，可以试着先看一本书，哪怕是短篇也好，总之就是要读。这样就等于在自己阅读能力的"基础"上添加了一块石头。看完一本之后，下次接着再看一本，这就等于添加了第二块石头了。

——不懂得读书的乐趣，那真是有点可惜呀。

池田　其实，莎士比亚[注28]的作品在当时也不过是娱乐性作品，就跟现在的电视剧之类的差不多。《源氏物语》也一样，当时大家争相传阅，也许就跟现在看连环漫画似的。

所以说，大家没必要因为说是"经典名作"就变得诚惶诚恐的，也没必要把它们捧得过高。自己如果能体会到其中的乐趣，那人生就会变得更加丰富。

《法华经》《圣经》《古事记》也是文学

——有一位成员问道："我觉得文学是向我们展示'生存方式'的，它与音乐、美术相比起来，具有什么样的影响力呢？"

池田 文学是"读"，美术是"看"，而音乐是"听"。文学是写成的，而如果没有思想的话，那是不可能写得出来的。

思想有各种各样的层面，有无限大的力量，人的心会因思想的影响而被打动，会发生变化。

有看法认为，《法华经》《古事记》《圣经》都是文学。

文学在人类思想上占有很重要的位置，其影响力甚至波及到人类的生存方式的深处。因此，如果不接触文学，也不去思索，而只停留在政治、经济、科学这样一些层面上的话，估计人类会蒙受非常大的损失。

总而言之，文学表现了"人的生活方式""与社会的关系""战争与和平""努力""爱情""死"等各式各样人类的舞台，而照亮其中的某一个层面的，也许就是音乐、美术。

而照亮这所有一切的根本性东西的则是宗教。文学是基础，它可以进一步扩展延伸至戏剧、电影、音乐等世界里去。

——的确，有根据托尔斯泰《战争与和平》拍成的电影，也有雨果《悲惨世界》改编成的音乐剧，好像有些人就是看了这些电影、音乐剧之后，再进一步去接触作为其改编基础的文学原作，进入到文学的殿堂里去的。

读书能带给我们的东西真是很多呀。我看到先生您在《年轻时的日记》里有这样的记录："小雨。在公司读完了《基督山恩仇记》。读书赋予了我们很多，有智慧、知识、领导能力，甚至还教会了我们如何更好地去拜读《御书》的能力。记得有人说过：'好好读书吧！坚持一辈子读书，哪怕每次三十分钟也好，一辈子累积下来，就会达到相当惊人的读书量'。"（1954年〈昭和二十九年〉二月十八日，当时26岁，收录于《池田大作全集》第36卷）

越多读文学，就越能理解《御书》

池田 真是令人怀念呀！

要想读懂《御书》，就一定要多读文学。通过读文学，可以提高对《御书》的理解。《御书》和文学，都是表现人间世态的。

在日莲大圣人的书信、言语里，往往包含有一种"如何拯救人"的深切慈爱，有对邪恶的强烈愤慨，还有一种能直达人心的温暖。

大圣人曾给一位死了丈夫之后又痛失爱子的妇人写信，在信中写下了很能体察母亲当时心境的话语："（痛失爱子这件事）一定让您难以相信这是真的吧？您一定认为这只是一场梦、只是一个幻觉吧？您一定盼望着能尽快从梦中醒过来吧？"

（《御书》1576 页，大意）

他设身处地地把悲痛欲绝的母亲的心情如此写道：如果能见得到死去的儿子，"即使没有翅膀您也要不顾一切地拼命飞上天去的吧？即便是没有船您也一定会舍命越洋远渡到中国去的吧？如果听说他在地底下，您就算掘地挖洞也要到地底下去见他的吧？"（同上，大意）

——收到这样的信的那位母亲，心里该有多么的安慰呀！

池田 《御书》里还描写了许许多多无数的人世间百态。当积累了一定的人生经验，则越多读文学名著就越能体会《御书》的魅力所在。同时呢，读了《御书》之后，对文学的理解会更加深入。

总而言之，文学就是要表现人的内心感情的纠葛，因此，若想一辈子始终贯彻自己作为一个人本主义者的坚定信念的话，就一定要多读文学。

那些低俗的，或者只是有趣的书，不能称为文学，因为那一类书并没有对人性的探究。专业方面的书呢，一般都有相应的目的和用途吧，也是需要学习的。而文学，是每个人都应该学的，就像"基本路线"一样的东西。

只有"发自肺腑之言"，才能打动人的"心"

"心"才是重要的。因此，语言很重要

——对文学有人质疑："面对着濒临饿死的孩子，文学能

有什么作为呢?"(萨特,1964 年 4 月《世界报》的采访要旨),
我想他要说的意思是:不就只是语言而已吗? 什么都无能为力
不是吗?

池田　最重要的是给予心的援助,有了心的援助,金钱
和物质上的援助才能真正起作用。

而通过阅读文学,人往往会产生为他人着想、体贴别人
的感情,自然而然地,就会产生发自肺腑之言。

对别人的真正的援助,将会产生自人性化的真挚感情里,
因此,无论对饥饿的孩子们,还是对那些想要去搭救和帮助他
们的人们也好,文学都是有必要的。

佛法教导我们:"声音成就佛事(＝佛的工作)。"(御书
708 页等)声音、语言能够拯救人,尤其是发自肺腑之言。

优越的语言的表现,往往产生于人们那了解文学的心。
日本的政治家们的言谈往往空洞而缺乏诚意。

雨果曾在其表现人间真爱的《悲惨世界》序文里这样写
道:"只要世上存在着无知和悲惨,则像本书一样的作品就不
会是无益的吧。"(斋藤正直译,潮出版社)

培养人们去搭救和帮助饥饿者的慈爱之"心"的,可以
说就是文学。一切都是从这里开始的,有了这种慈爱之"心",
金钱和物质上的援助自然就会产生。

什么才是优秀的文章?

——所谓"优秀的文章",应该是什么样的文章呢?

池田　我在和某位文学家对谈的时候，曾经问过同样的问题。那个文学家一边翻着一本书的书页一边回答说："好的文章，看起来会觉得印刷很工整漂亮，而不好的文章，则看起来显得很不工整。"我们姑且不论这回答如何，但好的文章，一定是像我们吃到好吃的东西时那样，能够感觉很好地读下去的东西。

户田先生曾说过，看书的时候"一定要读序言、后记"，从那些文字里，往往能够一定程度地了解其文章的好坏。

如果懂得文学的话，对景色会有另一番感受

产生诗歌的"心"

——先生您是桂冠诗人，您是怎样写出那么好的诗来的呢?

池田　我是把自己心里的所思所想，原原本本地表现出来，原封不动地表现成文字。读文学读得多了，其中的语言词汇很自然地就会成为自己的东西。

一看到风景，想要表达的语言自然而然地就会浮现出来，对景色往往会有另一番不同的感受。看到青葱苍翠的树木，动物也许会无动于衷，但艺术家看了会赞叹不已，而园艺师看了则会觉得树木都很健康的吧。

又例如，看到月亮映照在海滨沙滩上，如能够联想起"辽阔海岸边，千万沙石变宝石，秋月魔力现"（《千载和歌

集》，久保田淳校注，岩波文库）——具有魔力的秋月啊！把
辽阔的海滨沙滩上的沙石全部变成宝石——这样一首诗歌的
话，我们眼里的海滨在那一瞬间就会变成宝石园了吧。

如果读了智利女诗人米斯特拉尔[注29]的诗"轻飘飘的云
啊！丝绸般的云啊！把我的灵魂带上吧，带上那高高的蓝天！"
（《寄云》，野野山美智子译，收录于《世界诗集12　世界女
流名诗集》，角川书店），也许就会对风和云有更深切的别样
感受。

美的诗歌，并不是堆砌而成的辞藻之美，真正的美必须
出自美的心灵。如果一个人，纵使变得浑身泥泞，仍依然奋不
顾身地为人性奋战到底，那他的心灵难道不会涌现出美丽的语
言来吗？

人们将人性与文学融合在一起，并努力将其在生活中很
好地表现出来，这就产生了"诗"。这就是真正的文学。

古今的优秀文学，都是在人的"心灵与心灵之间"架设
起来的桥梁。跨越多少座"心灵"的桥梁，将决定人们自己心
灵的深邃程度。

人间革命与广宣流布

"人间革命"的彻底程度，将决定"广宣流布"的程度

——这一年来，承蒙您毫无保留地教给我们许许多多的为人处世之道，相信这已经成为高中生们一生的原点，在此我们表示由衷的感谢！此次，我们想请教一下关于最重要的"人间革命"。

池田先生您在长篇小说《人间革命》的开头部分有一段著名的话："一个人在人性上所进行的伟大的人间革命，不久将可以改变一个国家的宿命，进而还可以使全人类的宿命的改变也成为可能。"

这是小说的主题，我想同时也反映了池田先生您的人生足迹。

"人间革命"——自己自身进行革命，由此，可以带来全部所有一切的改变。不过，还是有人反映说：说要进行"人间革命"，但究竟会变成怎样呢？自己还是有点不太明白。

所谓"人间革命"，就是往更高、更深、更广的方向去努力

池田　所谓"人间革命"，其实并不是什么特别的事。举

个例子来说，一个原本不用功读书，成天只知道玩耍的少年，有一天下起了这样的决心来："从今往后要好好用功！""为了将来我要发奋努力！"当他下定决心并付诸行动的时候，就是这位少年的"人间革命"的开始。

一位母亲，以往只是局限于为了自己一家眼前的幸福而操劳，并一直以此为满足，一旦有一天她觉醒到"这样下去可不知道是否一生都能保证得到幸福，我应该去追求更加牢不可破的幸福"，并开始下定决心更全面地去守护家人的时候，就是这位母亲的"人间革命"。

而一位父亲，能够从过去只会考虑自己、考虑家人和朋友的世界里跨越出来，转而向患病的人、受苦受难的人伸出援手，开始积极从事有助于促使他们走向幸福之路的活动，这就是这位父亲的人间革命。

也就是说，进一步提高眼界、扩大视野，由平凡进而追求更高、更深、更广的境界，去努力，去献身，这种行动就是"人间革命"。

"自己的意志薄弱，不行"

——也就是说，要成为更加坚强的自己，对吗？

池田　对。这关键的"一步"非常重要。是向前"一步"呢？还是"就这样行了"而停滞不前？这就决定了人生的全部。

——不过在另一方面，也有人反映说："自己由于意志比较薄弱，下了好几次决心都无法贯彻到底"，"像我这样的人，根本无法进行人间革命"。

池田 那也没关系。如果一开始就很成功的话，那就没有了人间革命的价值了。（笑）刚开始看似无可救药的人，通过有了信仰之后，发生了很大的改变，这样才能给众多的人带来希望。

而且，人在痛苦不堪、穷途末路的时候，往往才是成就伟大的人间革命的最好时机。

如果是很容易就气馁的话，那就每气馁一次又重新再下定决心一次就行。"这次一定行""这次一定要成功"，就这样一边挣扎着一边前进的人，一定能够实现人间革命。

每天在碌碌无为当中度过

池田 从另外一个层面来说，人的世界里，有个性、习性、宿命、血缘等各种因素错综复杂地交集在一起，人往往会受制于这些因素而难以摆脱出来。如果总是局限于眼前的小小烦恼，人生转瞬之间就会庸庸碌碌地度过，最终就等于是在六道轮回[注30]的境界里终其一生。

但是，如果突破这一点而决心进一步去采取达到菩萨界、佛界的行动，也就是采取慈悲的行动和举止言行，那就是行动革命、人间革命。

如果就以大家身边密切相关的事来说，就有入学考试的事，也许大家都觉得那就是一切了。而此时眼前有一位深陷苦恼的朋友，如果因为自己现在要准备最重要的考试，而对困境中的朋友熟视无睹的话，那就是"六道轮回"的境界。但如果转念一想：这个时候不去关心一下朋友，说不定会后悔一辈子，于是真诚地鼓励朋友"咱们一起加油吧！"这就是菩萨界的生活方式了。

当类似这样的行动，能够由一家推广至一国，进而推广至全世界的时候，那就成为促使人类迈向伟大和平的不流血革命了。

——说到六道轮回，纵观当今社会，的确呈现出有如饿鬼界、畜生界一般的世相。作为人生，"理想生活方式的模范"少得非常可怜。新闻报道方面，也充斥着那些政治家、财界名人等所谓的"大人物"的恶事、丑闻，不胜枚举。

但是，若仅从制度上去加以改造，我想坏人们只会钻空子、挑漏洞，千方百计地把坏事做得更加巧妙。因此，不从根本上、人性上去彻底加以改变是不行的。

"人间革命"是 21 世纪的关键词

要实现向善的转变，应从"人间革命"开始

池田　革命也有很多各式各样的，有政治革命、经济革命、产业革命、科学革命、艺术革命，还有流通及资讯革命等等。这些革命都有其各自的意义，有时候的确是必要的。但是，无论改革什么，如果推行这一切改革的"人"是缺乏慈悲

心而自私自利的话，那社会不可能好起来。所以说，"人间革命"是最根本的革命，对于人类来说是最有必要的革命。

战争结束后不久，东大的校长（南原繁氏）就曾经说过：一定要进行"人间革命"。贝恰博士也曾经提倡：有必要进行"人的变革、人的复苏、人的复兴"。世界上许多有识之士到最后都得出了这样的结论。

——不久前，曾与先生您对谈过的亚马孙诗人查戈·德·梅洛也说了："我本来以为自己'作为诗人不可能再有感动了'，但没想到接触了（池田先生的）'人间革命'这一思想时，我竟然又能够重温到久违了几十年的感动。"（1997年4月）

池田 人间革命是今后世界最引人瞩目的焦点，能将人生观、社会观、和平观等一切都引导向崭新而美好的方向的精神，就是人间革命。所以我坚信，"人间革命"是21世纪的关键词。

——平平常常地成长下去与"人间革命"有什么不一样？

池田 "革命"的英文是"revolution"，是指"推翻"的意思，意味着急剧的变化。

人们随着岁月流逝而逐渐成长，这是自然的发展过程，而比这种自然的步调跨越出一大步，急速地向着善的方向去转变，就是"人间革命"。它能够使人不断向好的方面转变，而且一生永远成长下去，不会有"到此为止"的尽头，而成为其引擎、成为其原动力的，就是信仰。

要在"做人"方面有出息

绝不是抽象的空谈

——的确，我想没有人可以仅仅凭借着读一些道德方面的书籍就能实现"人间革命"的。

池田　几千年来，谈论道德方面的书籍不计其数，谈及自我启发之类的书也有不少，但如果光凭嘴上说说、讲讲道理就能实现"人间革命"、改变宿命的话，那就不用那么辛苦了。

创价学会一贯追求的是现实的人间革命，而不是抽象的理论空谈，讲究的是要变革内心，促使人的心灵向至善的方向去转变，去生存，去行动。

——作为一个人，估计谁都会在内心深处有一种"希望成长""希望改变"的愿望的吧？所以说，有时候只要有一个小小的契机来触发，人就会有很大的改变。

池田　只有人类，才会有"希望向上""希望成长"的愿望，才会想到要追求不随波逐流，而是更进一步往好的方面去调整方向，去转变。

所谓的"有出息"，是社会机构层面上的事。而人间革命，指的是更深层次的、面向自己内部的革命，是具有永恒性的，比起在社会上的出人头地要伟大得多。

人就是人，不可能变成在人之上的任何存在。因此，想方设法把"作为一个人"的自己向好的、善的方向去改变，这才是最重要的。

如果作为本体的自己肤浅而贫乏的话，即使再怎么用名声、地位、学历、知识和财富来装饰也没用，最终也还是贫乏而空虚的人生。

一旦剥除了装饰于外在的所有一切，那"赤裸裸"的自己本身会怎样呢？改变生命本身，才是人间革命。释尊原本是个王子，但他舍弃了一切，回归到作为一个生命体的自己来修行，这是人间革命。日莲大圣人，也是理直气壮地公然宣称自己是当时被视为社会最底阶层的"贱民之子"。（《御书》891页）

——的确，有一些所谓的"伟人"，在人格上却比默默无闻的庶民要低劣得多，这种事情一点也不稀奇。

不仅如此，历史上还有不少这样的事例：庶民们全都期盼的是和平、幸福，但却由于社会的领导者们不致力于"人间革命"，而最终把民众拖入战争、导向不幸。

池田 20 世纪就引发了两次世界大战，数以亿计的民众饱受了人间地狱之苦。其原因究竟何在呢？——深究其原因，得出的结论就是："人类本身必须要变成慈悲的存在。"

——小说《人间革命》的一开头，写的是："再没有比战争更残酷，再没有比战争更悲惨的了。"这话真是意味深长呀！

在《新人间革命》的开头，则写的是："再没有比和平更珍贵，再没有比和平更幸福的了。"

"8·15"的回忆

池田　每年一到 8 月，我都会想起一件事。那就是昭和二十年（1945 年）8 月 15 日——战争结束之日。

那一天，东京天气晴朗。我当时还疏散在西马込的亲戚家里。听说从正午开始将有重要的事情广播，当时还以为是大本营终于要公开宣布开始对美国的总攻击了，因为那个时候的社会上一直弥漫着这样的氛围，一直都充斥着这样的教化。接近正午的时候，我正去往附近（东马込）的祖母家，街上一片寂静。

终于听到玉音广播（播放天皇本人的声音）了，但杂音很大，根本听不清究竟在说什么，到底是打赢了？还是打输了？祖母也听不明白。回到家里后，看到弟弟哭着跑回来说："输了，输了。"还以为他昏了头呢。大家都在那儿说："不可能会输的。"直到接近傍晚的时候，大家才明白过来，才知道日本战败是真的了。

整个大街上就像进入了虚脱状态一样，人们开始担心起驻军的到来。一直到晚饭时间为止，大家都处于精神恍惚的状态之中。不过在同时，由于上午还不时传来飞机空袭的声音，下午却悄然平息了，这让人们感到了一种安心感："原来是这么的安静呀。"

到了夜晚，终于可以自由地打开电灯了。当时心想："原来是这么的明亮呀"，"和平真是好啊"。大家虽然都感到很安心，但谁也不敢说："幸好输了""输了让人松了一口气"。

因为战争，许多年轻有为的优秀青年失去了生命，我们一家也有四个哥哥被战争夺走了。

昏庸的领导者导致了悲剧

——我想起了《人间革命》里的一段话："被昏庸的领导者们牵着鼻子走的国民，实在是可怜。"（《人间革命》第一卷"黎明"章）

池田 我的大哥是在缅甸战死的，他是一位人品很好的兄长。当接到他战死沙场的通知书时，我怎么也无法相信这是真的。过了三年之后，大哥的一位军中战友来访并告诉了我们当时战死的情况。据他说，大哥是在缅甸的因帕尔战役中，被敌人机关枪扫射击中而掉落河里去的。

我一直难以想象当时的情形，直到后来有一次从电视上看了有关因帕尔战役的详细调查报告，这才恍然大悟。但与此同时，也让我重新知道了事实的真相：那是一场多么无知而轻率的决策造成的悲剧呀。据说日本军所到之处，到处尸横遍野，被人称为"白骨街道"。

那实在是一场由于指挥者的错误判断，只顾执迷于建立自己的功名而瞎指挥造成众多无谓牺牲的悲剧。

——我想再也不能让这么荒唐的事情重演了。

池田 最近，日本的国家主义、权力主义又有重新抬头的倾向，许多人都提出了这样的警告。大家逐渐淡忘了半个世纪前所发生的大悲剧。因此，大声疾呼和平的创价学会非常重要。

我之所以师事户田先生，是因为看到户田先生在战时坐了两年半的牢狱却依然初衷不改，不屈不挠地坚持与军国主义抗争到底，心想："这样的人，值得信赖。"那时候根本不知道什么佛法的具体内容，完全是因为坚信户田先生这么一个"人"。与户田先生之间的"师弟不二之道"，才是我的"人间革命之道"。

——同时也是"广宣流布之道"对吧？

池田　"为广宣流布而奋斗"之心，其实也就是"进行人间革命"之心。

如果人间革命是"自转"的话，广宣流布就等于是"公转"。有了自转和公转，宇宙的运行才能够成立。如果没有公转，则违反了宇宙的法则。

广宣流布的意思

——广宣流布这个词，到底是什么意思呢？

池田　广宣流布的"广宣"，就是指"广泛宣传"之意。面向世界，向着更多的人群去广泛地宣传。所谓宣传，就是要宣言正当的理念、正义、哲学等，并使之能广为传播。

而广宣流布的"流布"，就意味着"像大河一样流淌下去""像布匹一样铺陈开来"。不是装门面、摆阵势、高高在上，而是要永不停息地向着全人类"流淌而去"，像"布"一样铺陈、延伸开来，毫无遗漏地普及所有大众。

布匹是由经纱和纬纱纵横交织而成。广宣流布也是一样，纵向必须由师父传弟子、父母传子女、前辈传后辈，而横向则必须超越国家、阶层以及所有一切差别而平等地传播开去，否则就将流于偏颇。

简单一句话，通过正确的价值观、正确的哲学，向所有阶层、所有国家的人们去弘扬"至高无上的幸福大法"，去推广"至高无上的和平法理"，这样的行动就是"广宣流布"。

前所未有的"历史性实验"

——把自认为"最好"的东西告诉别人，这是作为一个人理所当然应该做的事吧?

池田 是的。做买卖方面也一样，不论是卖电视机，还是卖拉面、卖蔬菜，只要认为是自己店里最好的商品，都会努力地"想让更多的人知道，让更多的人来买"。这也可以说是一种"广宣流布"。

学校方面，如果觉得"自己的学校拥有一套有效培育优秀英才的教育方法，想把它普及开来"，这样的行动，也可以说是一种广宣流布。

虽然层面有所不同，我们完全可以认为基督教在过去也进行了相应的广宣流布。伊斯兰教、印度教等，其实可以说也都进行过相应的广宣流布。但是，无论是基督教，还是伊斯兰教，在历史上都已经进行过"如果把这个理念推广开来会造成什么样的局面"的实验了。

而以佛法为中心，倡导生命尊严和恒久和平的思想的广宣流布，至今尚未得到过实验。我们现在就是要进行这一崭新而宏伟的历史性实验。

——真是了不起呀！我想，广宣流布一定是最令人期待的。

池田　因此，自己自身若缺乏对这种伟大哲学的"确信"和"自豪"的话，那是无法进行广宣流布的运动的。

可是，任何世界都会有坏人存在。这样一些人，是难以容身于如此真挚而诚实的运动当中的。

过去那些反叛者们全部都是如此。他们即使以欺瞒、恶意及伪装之心参与了广宣流布的运动，最终也必定会原形毕露。

——从这个意义上来说，如果自己本身不进行人间革命的话，那是无法进行广宣流布的呀。

池田　自己自身的人间革命，可以说是"在自己这个小宇宙里的广宣流布"。每个人都各自积累起自己"小宇宙里的广宣流布"，则整个社会的广宣流布就得以顺利开展下去。总而言之，广宣流布的开展，取决于每个人自己的人间革命的程度。

而反过来，通过抛开利己主义而积极投身于拯救他人的广宣流布当中去，自己自身的人间革命可以获得更大更好的进展，两者就是处于这样一种相辅相成的关系当中的。

因此，切不可孤军奋战。还是那些能与优秀的广宣流布前辈契合在一起共同奋斗的人，更能够成长，更能够进行人间革命。

"正确的事，大家为什么不做呢？"

——有人问："既然做的都是正确的事情，为什么还会被人批判呢？"

池田　正因为正确，所以不太容易做到。孝顺父母很正确，但很多人总是很难做到吧？（笑）读书也是正确的，可是一般人也很难做的不是吗？佛法也是同样道理。

人和动物的区别在于有"思想"

"只要自己好就行"，这是畜生本性

池田　总而言之，人与动物的不同之处，就在于"有思想"，任何人都一定会思考过一次："自己为什么出生到这个世界上来呢？"但动物则不会思考这样的问题。

另外，人与动物的不同之处，还在于会"追求正确、和平、幸福地生存下去的理念"。如在电视上看到苦于饥饿的孩子们，谁都会想到要为他们做点什么，这就是人。

人类是无法一个人单独生存下去的。人间这个词写成"人与人之间"，似乎就意味着"人"要生存在人与人之间才能得以磨炼。

因此，把自己认为最正确的主义和主张、思想和理念传

播给更多的人，让更多的人理解，这是理所当然的事，是我们的责任和义务，是我们的权利。

动物只为自己储存食物，那是畜生的本性。如果人也是将"能够获得幸福的方法"只为自己留着而不告诉别人，那就与畜生、饿鬼的境界相差无几了。

"让所有的人都知晓正义""将幸福分享给大家"，这是哲学，是教育，是佛法。

——这就是广宣流布对吧？广宣流布是人性美好的升华，是人性的最好表露，对吧？

池田　对！广宣流布绝不是狭隘的。大家一起"作为一个人"共同来交谈，一起"作为一个人"共同去奔向幸福，互相把心都联结在一起，这种人与人之间的联结本身，就会通向广宣流布。

——我觉得自己对池田先生与世界上的有识之士以及领导者进行对谈，并共同携手缔结和平之纽带的深远意义，有了更深一步的理解和认识。

你们的胜利才是我的希望

池田　我把贯彻户田先生教导给我的"人间革命"之道作为自己的誓言，一直勇往直前地奋斗至今，实现了自己所有的承诺，获得了胜利。

人一定要获胜。获胜才是人间革命，获胜才是广宣流布。

现在的我，不把眼前的小事放在眼里，也不惧怕迫害和非议，我只考虑一百年后、两百年后的事，为万年之后的事情做好打算。

自古以来，都说师匠的伟大取决于其能否造就出色的弟子。

我长期以来受到过各种各样无端的中伤和批判，但我根本不在乎这些。因为依照佛法的法理来看，这些都是不得已的事。另外我还清醒地知道：我所培育出来的弟子们，如何在地区、在世界、在社会上活跃并做出贡献，如何取得成功，才是决定我成败的关键。

在高中时代就立下志愿，后来茁壮成长为活跃于世界上、社会上的优秀人才有很多很多，我真是为此感到欣慰之至，我非常高兴。

现在的我没有什么后悔的。作为一个佛法者、指导者，我相信自己已经永远留下了令人自豪的名声。因为弟子们都争气了，都在发挥着积极的作用。

我胜利了！我的人生可以用令人骄傲的胜利来装点。接下来，就只有祈求、坚信和等待，我期待着年轻的各位能够在这光荣的大道上，持续不断地继续向前、向上奋斗下去。

这是我唯一的希望。

注　释

第一章　青春的希望

1. 克拉克（**William Smith Clark 1826—1886**）：美国麻州农业大学第三任校长，专攻园艺学、植物学、矿物学。1876 年受邀至日本开拓北海道，任教于札幌农业学校（北海道大学前身），培育开拓北海道之必要人才。基于基督教信仰的教育方式，深刻影响内村鉴三、新渡户稻造等学生。离开日本时留下名言："少年啊，要胸怀大志！"

2. 扎托佩克（**Emil Zatopek 1922—2000**）：被称为"人类火车"的旧捷克长跑选手。1949 年至 1955 年，从 5000 米至 30000米竞赛，全部刷新世界纪录。赫尔辛基奥运会（1952 年）时，一举夺得 5000 米、10000 米、马拉松三项冠军。

3. 罗曼·罗兰（**Romain Rolland 1866—1944**）：法国小说家、创作家、评论家。基于人道主义、理想主义的立场撰写作品，并于第一次世界大战时，推动反战和平运动。1915 年获颁诺贝尔文学奖。主要著作有《约翰·克里斯多夫》《母与子》《爱与死的较量》《贝多芬传》《托尔斯泰传》《战斗之士》等。

4. **本因妙**：本因是指为获得佛的境界的根本原因（修行）。由于此本因是不可思议的，故称之为妙。

5. **丘吉尔**（Winston Leonard Spencer-Churchill 1874—1965）：英国政治家。1900 年从保守党晋身下议院，之后转到自由党历任贸易委员会主席、内政大臣、殖民地次官等职。第一次世界大战时担任第一海军大臣，因攻击失利而引咎辞职。战后仍经历多次大臣要职，而后返回保守党。第二次世界大战开始前不久，提出了对抗德国希特勒的防卫性强硬政策，不久获得认同，于 1940 年就任首相。战时与罗斯福、斯大林共同担任战争最高政策指导。1953 年以《第二次世界大战回忆录》一书，获得诺贝尔文学奖。

6. **甘地**（Mahandas Karamchand Gandhi 1869—1948）：印度建国之父。18 岁留学英国学习法律成为律师，因诉讼案前往南非达班，最后为维护当地印度人的地位与人权，组成反对人种歧视团体。在此，他还提出了以不杀生为中心的甘地主义，并从事真理实践运动，开展非暴力不合作运动。1915 年回国，领导对抗英国的不合作运动，那是一种不依靠暴力而通过拒绝纳税、拒绝就业、拒买商品等方式来抵抗强权的运动。1948 年 1 月，被反对伊斯兰教的狂热青年枪杀。因受文豪泰戈尔以诗歌称颂为"伟大的灵魂＝圣雄"，而被世人称为圣雄甘地。

7. **爱因斯坦**（Albert Einstein 1879—1955）：德裔理论物理学家。担任瑞士专利局技术员时，发表了"布朗运动理论""光量子理论""狭义相对论"。1921 年获得诺贝尔物理学奖，1929 年发表"统一场理论"，1933 年受纳粹追捕逃亡美国，写信给罗斯福总统，为曼哈顿计划（原子弹制造计划）打开道路。战后致力于禁止核武器运动及和平运动。

　　8. **伦琴**（Wilhelm Conad Rontgen 1845—1923）：德国物理学家。年幼时旅居荷兰，进入乌得勒支大学、苏黎世工业大学进修。于苏黎世开始从事物理学研究，经维尔茨堡大学后，曾担任斯特拉斯堡大学、慕尼黑大学教授。创下了发现"伦琴电流"等实验物理学上的广泛业绩。1985 年，进行了一系列与发现 X 光射线有关的研究。1901 年，获得第 1 届诺贝尔物理学奖。

　　9. **波林**（Linus Carl Pauling 1901—1994）：美国物理化学家。运用量子力学于化学，建立结构化学之方法。就读于加州工业大学，历任加州工业大学、斯坦福大学等教授。1954 年，因在结构化学方面的贡献而获得诺贝尔化学奖。此外，战后积极投身于废除原子弹、反核武实验签署运动等和平运动，1962 年获得诺贝尔和平奖。

　　10. **苏联**：苏维埃社会主义共和国联盟。1917 年革命后诞生的世界第一个社会主义国家，1922 年正式成立。1991 年政变，俄罗斯共和国等 11 个共和国签订创建独立国家共同体之协定书，苏联因而解体。曾经是跨越欧亚地区，居住有上百个民族的世界最大的多民族国家。

　　11. **大学资格检定**：自 2005 年起，日本政府作为高中毕业程度之认定考试所实施的大学入学资格检定。

12. **曼德拉**（Nelson Rolihlahla Mandela 1918—2013）：南非政治家。历任 ANC（非洲民族议会）主席、南非共和国总统等职，反对种族隔离制度运动之黑人最高领导者。就读黑尔堡大学时参加政治运动，1944 年加入 ANC，因反叛追罪从 1962 年至 1990 年 2 月，在牢狱中度过。获颁尼赫鲁奖、联合国教科文组织和平奖外，1993 年获得诺贝尔和平奖。

13. **杰克**（Jack Dempsey 1895—1983）：美国职业拳击手，前重量级冠军。生于科罗拉多州马纳撒的贫穷农家。因被名经纪人杰克·卡恩慈挖掘，于 1919 年成为第 9 届世界重量级冠军。一生的战绩为 81 战 60 胜 7 败 8 平手 6 无判定。1954 年进入"拳击殿堂"名人榜。

14. **席勒**（Friedrich Schiller 1759—1805）：德国剧作家、诗人。受歌德、莎士比亚等影响开始创作戏曲。发表《强盗》《阴谋与爱情》等作品。经历康德哲学及美学研究之后，与歌德并列成为德国古典主义文学代表。此外，有作为贝多芬"第 9 交响乐"之合唱读本而闻名于世的《欢乐颂》、历史剧《华伦斯坦》《奥尔良的姑娘》、《威廉·退尔》、论文"朴素与情感之文学"等。

15. **阪神·淡路大地震**：1995 年 1 月 17 日，日本时间约清晨 5 点 46 分，发生了震央位于淡路岛北部的里氏 7.2 级强烈地震，大都市圈的兵库县神户市、淡路岛的洲本市也达到震度 6 的记录。事后现场调查时发现，部分阪神地区的震度甚至高达 7 度。此次震灾造成 6400 人死亡、失踪，房屋有 257000 多栋受创、全倒或半倒，7400 多栋烧毁。地震的原因是淡路岛至神户附近，总长约 40 公里的活动层，由东北移动至西南方向约 2 公尺所致。

16. **卡内基**（Andrew Carnegie 1835—1919）：美国企业家、慈善家。生于苏格兰贫穷的编织工家庭，1848 年举家迁至美国。经历几种工作之后，就职于宾州铁路。他对于铁路建设材料供应的关心，更甚于铁路的经营，开始着手制刚工厂的建设，买进五大湖周边的矿地、碳矿、船舶、铁路，统合之后改组为卡内基制钢所。建立了从原料到成品的一贯生产体制。晚年，创办财团、卡内基工业大学等教育机构，致力于慈善事业。

17. **奥锐里欧·贝恰**（Aurelio Peccei 1908—1984）：意大利实业家，也是由科学家、经济学家、教育家、企业家等所组成的瑞士法人民间团体的"罗马俱乐部"创办人。该团体是研究随着产业发展而开始发病，其背景极为错综复杂的"地球问题症候群"的非官方研究团体，其名称源自于 1968 年 4 月，于意大利罗马召开之故。为解决环境污染等有关人类生存诸多问题，多次提出建言。池田 SGI 会长为该团体的"名誉会员"，曾与贝恰博士进行对谈，并出版对谈集《为时未晚》。

18. **霍尔·凯恩**（Hall Caine 1853—1931）：英国作家，出生于英国贫穷的铁匠家，小学肄业，一边工作一边自修。1985 年发表处女作《犯罪的影子》，第三部作品《审判官》，使其成为畅销作家。

第二章　青春的律动

1. **但丁**（**Dante Alighieri 1265—1321**）：意大利诗人。统括欧洲中世纪的文学、哲学、神学、修辞学及各种科学的传统，透过长篇叙事诗作品，开启了文艺复兴文学之道。其对于早逝的贝丽丝精神上的爱，成为一生创作的源泉，同时活跃于政界。因政变被放逐之后，在流亡之地继续写作。

2. **周恩来**（**1898—1976**）：中国革命家、政治家，生于江苏淮安。1917 年留学日本，积极参加五四运动（抗议日本侵略中国与军阀腐败的爱国运动）。之后留学巴黎，组成中国共产党法国分部。第二次世界大战时，活跃于国共合作、抗日统一战线的组成。中华人民共和国成立后，担任国务院总理，倾注所有热情于国家建设，被称为"人民的总理"而倍受爱戴。

3. **圣艾修伯里**（**Antoine de Saint-Exupery 1900—1944**）：法国小说家、飞行家。他以飞行家生活体验为主题，追求行动主义、人性主义文学为目标。著有《夜间飞行》《人类的土地》等。

4. **洛克菲勒**（**John Davison Rockefeller 1839—1937**）：美国实业家、石油王。生于纽约州，高中毕业后进入实业界。创办标准石油公司，形成信托（同行企业结合形成独占形态）统括石油业界，并将事业扩展至矿山、森林、运输等领域。创办洛克菲勒财团，开展教育、慈善活动。

5. **石川琢木**（**1886—1912**）：本名石川一。日本明治时期诗人，生于岩手县。有感于社会思想，改革和歌，以口语体三行的形式，将生活百态化为短歌。著有歌集《悲伤的玩具》、小说

《云是天才》等。

　　6. **高尔基**（**Maxim Gorky 1868—1936**）：俄罗斯作家。原名 Alexei Maximovich Peshkov。在其自传三部曲《童年》《在人间》《我的大学》中，详细地描绘自己的前半生。他生活在 1905—1910 年的革命期间中，为俄罗斯史上最动荡的时期，其立足于马克思主义的世界观，有意识地将创作与革命结合起来，被称为无产阶级文学之父，是社会主义现实派的创始人。

　　7. **诺顿**（**David Lloyd Norton 1930—1995**）：美国华盛顿大学毕业后，于波士顿大学获得博士学位。经历空军少尉、建筑技师等工作，成为德拉威州大学哲学系助理教授，1978 年成为该校教授。著有《爱的哲学》《个人的命运——伦理的个人主义哲学》。为牧口常三郎创价学会第一任会长之著作《创价教育学体系》（英文版）撰写解说文。

　　8. **本有常住**：指本来就经常存在于三世（过去、现在、未来）。佛法教示：作为迷惑境界的九界（地狱、饿鬼、畜生、修罗、人、天、声闻、缘觉、菩萨）与作为开悟界的佛界，本来就同时存在。这意味着九界和佛界加起来的十界"本有（本来就有）常住"于生命。

　　9. **埃斯基维尔**（**Adolfo Perez Esquivel**）：1930 年生，阿根廷和平运动家、雕刻家、建筑家。虽然受到海外放逐及坐牢的处分，仍以"非暴力的奋战"为口号，展开维护中南美的人权运动。1980 年获诺贝尔和平奖。

　　10. **罗莎·帕克斯**（**Rosa Parks 1913—2005**）：美国公民权运

动家，生于阿拉巴马州。由于被通称为吉姆克劳法的种族隔离法立法通过，美国南部各州的公车、餐厅等公共场所，公然实施种族隔离制度。1955年她因在公车上拒绝让座给白人，受到逮捕。"拒乘公车运动"成为抗议歧视黑人运动的开端，因此被称为"美国公民权运动之母"。

11. **托尔斯泰**（Lev Nikolayevich Tolstoy 1828—1910）：俄罗斯小说家、思想家，被尊为人道主义之巨人，身为和平主义者，带给俄罗斯文学与政治极大的影响。晚年离家出走病死他乡。著有小说《战争与和平》《安娜·卡列尼娜》《复活》、戏曲《活尸》等。

12. **埃莉诺·罗斯福**（Eleanor Roosevelt 1884—1962）：美国女性政治家、社会运动家。积极参与并支持担任美国第三十二任总统之夫婿的政治活动，自己也活跃于妇女问题、人权问题等领域。丈夫死后，仍然发挥其影响力，担任联合国的美国代表，积极完成世界人权宣言的起草。

13. **歌德**（Johann Wolfgang von Goethe 1749—1832）：德国诗人、剧作家、小说家。就学于莱比锡、斯特拉斯堡大学，从事法务工作。通过小说《少年维特之烦恼》等著作成为文学运动的代表性人物。在与席勒为友的过程中，创立德国古典主义。此外，他身为科学家，也在自然科学研究方面留下成果。代表作有戏剧《浮士德》、小说《威廉·迈斯特的学习年代》、叙事诗《赫尔曼与窦绿苔》、诗集《西东诗集》、自传《诗与真实》等。

14. **一念三千的佛法**：一念是瞬间的生命，三千是一切的现象世界。一念三千即是一瞬间的生命中具有十界，十界互具成为百界，百界中具有实相的十种面貌（十如是）成为千如，这些都具有三种世间，成为三千世间。意思是说，一瞬的生命中毫无缺失地纳入一切现象世界。日莲大圣人图现御本尊作为此一念三千的当体。一念三千的佛法，即是日莲大圣人的佛法。

15. **史蒂芬·茨威格**（Stefan Zweig 1881—1942）：奥地利小说家。受新浪漫主义影响，20 岁时以诗集《银弦》踏入文坛。在世界各地旅行当中，结交罗曼·罗兰等著名人物。基于人道和平主义的立场，第一次世界大战即参加反战运动。代表作有《心的焦躁》《玛丽·安东尼特》等。

16. **雪莱**（Percy Bysshe Shelley 1792—1822）：英国诗人，19 世纪前叶的浪漫派代表。就读牛津大学时，学习柏拉图等形而上学，培育一生的思想基础。撰写赞誉自由精神与理想的抒情诗。作品有《致云雀》《解放的普罗米修斯》。

17. **平等大慧**：佛平等利益一切众生的智慧。

18. **阿塔伊德**（Athayde de Austregesilo 1898—1993）：巴西言论界的重要人物。1921 年起长期从事里约各家报纸的编辑，1932 年至 1934 年间，由于圣保罗护宪运动的失败，流亡欧洲。1948 年在第三届联合国会议上，为"世界人权宣言"起草。自 1953 年担任巴西文学院总裁一职，与池田 SGI 会长出版对谈集《论二十一世纪人权》。

19. **潘德**（Bishambhar Nath Pande 1907—1998）：甘地纪念

馆副主席。投身印度独立运动，16 岁即被投入牢狱，自那以后共计 8 次、前后 10 年时间在监狱里度过，是一位不屈不挠的甘地主义支持者，也曾师事大诗人泰戈尔。

第三章 青春与向上

1. **雨果**（**Victor Hugo 1802—1885**）：法国诗人、小说家、浪漫派先驱，又被誉为国民大诗人。其人道主义、进步主义思想，给全世界的作家带来莫大影响。1851 年因反对拿破仑三世政变，度过了 19 年的逃亡生活。主要著作有《惩罚诗集》《静观诗集》《诸世纪的传说》，以及小说《九十三年》等。

2. **帕斯卡尔**（**Blaise Pascal 1623—1662**）：法国哲学家、数学家、物理学家。17 岁时着手机械计算器的制作，并于两年后完成，发现有关流体的压力传播等原理。代表作有《沉思录》。

3. **卢梭**（**Jean-Jacques Rousseau 1712—1778**）：法国哲学家、政治思想家、教育思想家、作家。生于瑞士。在辗转的工作中，深化自然科学、教育、诗、音乐等造诣，在《论科学与艺术》中批判人为的文明社会并主张回归自然。在《爱弥儿》中批判偏重智育的教育，又在《社会契约论》中展开人民主权论，给法国革命带来极大影响。著有《论人类不平等的起源与基础》《忏悔录》等。

4. **萧伯纳**（**George Bernard Shaw 1856—1950**）：爱尔兰剧作家、评论家、小说家，自修文学、音乐，移居伦敦后开始从事戏剧与音乐的评论。他的舞台剧《卖花女》后来改编为音乐剧《窈窈淑女》。1925 年获得诺贝尔文学奖。

5. **爱默生**（**Ralph Waldo Emerson 1803—1882**）：美国诗人、思想家。生于波士顿。哈佛大学毕业后成为牧师，但对于形式化的教会功能感到疑惑而辞去牧师之职。其后，全神贯注地展开思索与演讲、著述活动。通过著作《自然论》、演讲"美国的学者"等，首次主张美国独有的个人主义、精神解放，影响极大。

6. **斯汤达尔**（**Stendhal 1783—1842**）：本名马利·亨利·贝尔（Marie-Henri Beyle），法国小说家，拿破仑时代的军人，七月革命后曾任外交官。擅长社会批判与心理描写，成为现代写实小说的先驱者。代表作有《红与黑》《帕尔马修道院》、评论《论爱情》等。

7. **皇国史观**：以天皇为中心的日本历史观，将以天皇家族为中心统治日本视为正当之价值判断的历史观。军国主义的政治家、军人，为使中日战争、太平洋战争等战争行为正当化而采用的历史观。

8. **反战系列刊物**：在池田 SGI 会长的提议下，始于 20 世纪 70 年代的"反战出版"活动。以创价学会青年部与妇人部为中心展开。为了不让庶民的战争体验随着时间流逝而消失，积极采访、记录多达 3400 名战争体验者的宝贵证言的刊物。

9. **罗贝尔·吉兰**（**Robert Guillain 1908—1998**）：法国记者，因深入了解亚洲、日本而闻名。1938 年至 1946 年间，担任法国通讯社东京分局长，1958 年至 1962 年，担任《世界报》记者。1969 年至 1976 年，担任该报的远东总局长，停留日本。早期即观察出日本成为"第三大国"的可能性。1967 年、1974 年、1986 年曾与池田 SGI 会长进行对谈。

10. **罗丹**（**Auguste Rodin 1840—1917**）：法国雕刻家。采用敏锐的写实技法，表现出内在生命的跃动，被称为近代雕刻之父。代表作品有《沉思者》《地狱门》《加莱市民群像》等。

11. **常书鸿**（**1904—1994**）：生于中国杭州市。23 岁远赴法国学习西洋画，因看到介绍敦煌的图书，而于 1943 年前往敦煌，从此之后长达半个世纪致力于敦煌艺术的保护与研究、介绍。获颁授敦煌研究院名誉院长称号。

12. **杜拉**（**Albrecht Durer 1471—1528**）：德国文艺复兴时期的代表画家、版画家。跟随父亲修行金匠技术，之后以画家为志，学习哥特式风格。其以敏锐的观察力与深厚的精神性，留下了不少宗教性主题的作品。代表作有"四人门徒"等。

13. **夏目漱石**（**1867—1916**）：日本作家、英文学者。本名夏目金之助，生于东京。毕业于东京帝国大学英文系，担任教职之后前往英国留学，担任东京大学英文系讲师。1905 年以《我是猫》一书成为作家，之后进入朝日新闻社，描绘近代社会知识分子的内心矛盾，同时也对近代文明展开批评。作品有《公子哥儿》《三四郎》《心》《从此以后》《道草》《明暗》等。

14. **汤因比**（**Arnold Joseph Toynbee 1889—1975**）：英国历史学家、国际政治学者、文明评论家。生于伦敦，曾任伦敦大学皇室学院教授、王立国际问题研究所研究部长等职。分析世界所有文明的兴起、发展、衰落的过程，展开敏锐的文明评论，被称为

"20 世纪最伟大的历史学家"。曾与池田 SGI 会长进行对谈,并出版对谈集《展望二十一世纪》。另有《历史研究》《试炼中的文明》《世界与西欧》等著作。

15. 达·芬奇(**Leonardo da Vinci 1452—1519**):意大利文艺复兴时期的代表性美术家,同时也是科学家、技术家,被称为"万能的天才"。一开始进入佛罗伦斯艺术家安德莉亚·德尔·维洛及欧工作室学艺,28 岁独立。有"最后的晚餐""蒙娜丽莎"等作品。同时还投身于科学研究,目前仍存有物理学、天文学、地理学、解剖学、水利学、土木工程学等领域的研究笔记,还有人生论方面的草稿约 5000 张。

16. 贝多芬(**Ludwig van Beethoven 1770—1827**):德国作曲家。4 岁即接受父亲严格的音乐教育。继承海顿、莫扎特的古典派风格,并发展其独特的境地。30 岁即失去听力,但他留下的作品,大多数是失聪时期的创作。主要作品有"英雄""命运""合唱",奏鸣曲"热情""月光"等。

17. 亨德尔(**Georg Friedrich Handel 1685—1759**):出生于德国,后定居英国并入籍的作曲家。与巴哈并列为巴洛克音乐最伟大的作曲家。虽在哈雷大学学习法律,但前往汉堡以歌剧成名。受聘于汉诺威王侯担任宫廷乐长。作品有《弥赛亚》、歌剧《赛塞斯》《凯撒大帝》、管弦乐"水上音乐"等。

18. 希特勒(**Adolf Hitler 1889—1945**):德国纳粹的党主席,第三帝国总统。出生于奥地利海关文职人员家庭,就读职业中学(八年制职业高中)但中途退学。之后以卖画为生。第一次世界大战时立志从军，战后加入德国工人党，最后党名改为国家社会主义德国工人党，发挥能言善道的天分，于 1921 年就任党魁，并趁世界恐慌的混乱中，成为第一大党。1933 年当上首相，翌年就任总统。之后获得独裁权强行推动对外侵略，引发第二次世界大战。后在苏联军队包围下，于投降前自缢于柏林。

19. **柯罗**（Jean-Baptiste-Camille Corot 1796—1875）：法国画家，生于巴黎。追求自然的真实，描绘充满诗意的风景画、人物画。其作品于 1855 年参展巴黎博览会而成名。作品有《维拉达福瑞小镇》《蓝衣妇人》《戴珍珠项链的夫人》等。

20. **国木田独步**（1871—1908）：日本明治时期诗人、小说家，生于千叶县。本名哲夫，是日本自然主义文学的先驱。著有《牛肉与马铃薯》《命运论者》等书。

21. **罗伯特·卡帕**（Robert Capa 1913—1954）：匈牙利报道摄影家。本名为安德烈·佛里德曼。于德国柏林学习摄影，1933 年为逃避纳粹迫害，移居巴黎。1936 年西班牙爆发内战时，以身为人民战线的摄影记者随军队进入战地，所拍摄的"战士之死"刊登在 *Life* 杂志上而成名。第二次世界大战时，拍摄了许多最前线的景象，其中尤以诺曼底登陆的纪录片最为出名。于采访印支战争中被炸身亡。

22. **蒂亚格·梅洛**（Thiago de Mello）：1927年生，巴西诗人。毕业于里约热内卢联邦大学医学部与文学部。第二次世界大战后，撰写长篇诗"和平之诗"，通过联合国被译成一百多个国家的语言。非常热爱亚马孙，居住在亚马孙内地，展开创作活动。

代表作《人的制定》出版 30 多国语言。至今已获颁"巴西诗人奖"、法国"拉丁美洲文学艺术贡献奖"。曾任里约州文化局长、驻智力大使馆文化负责人等职。

23. **大石寺**：位于日本静冈县富士宫市上条。亦称为富士大石寺。离开身延之地的日兴上人，获得南条时光的捐赠，于 1290 年（正应三年）十月十二日，在大石原建立大坊为起源。战后在创价学会会员的供养下，一一建立了奉安殿（1955 年）、大讲堂（1958 年）、大化城与大纳骨堂（1960 年）、大客殿（1964 年），进而于 1972 年 10 月完成了本门戒坛的正本堂，安置了大御本尊。但以日显于 1989 年（平成元年）对大化城的破坏为开端，1995 年拆掉了大客殿，最终于 1998 年拆掉了正本堂，将创价学会捐赠的建筑物全部毁掉。大石寺经历了许多变迁，但基本上仍继承了日莲大圣人的正统。但到了日显于 1991 年把创价学会逐出宗门后，就完全违背了大圣人的精神。

24. **加加林**（Yury Alekseyevich Gagarin 1934—1968）：苏联人，为世上首位太空人。1961 年 4 月 12 日搭乘人造卫星东方一号，绕行地球一周，108 分钟后归来，为宇宙时代揭开序幕。

25. **雷切尔·卡森**（Rachel Louise Carson 1907—1964）：美国女性科学家，专攻胚胎学、海洋生物学。其揭穿农药破坏自然的著作《沉默的春天》（最初被译为《生与死的妙药》，后改书名）作为揭发公害的书而成为畅销书籍。

26. **巴尔扎克**（Honore de Balzac 1799—1850）：法国小说家。因其洞察社会的宏观视点及对人类心理描写的细致手法，而被视为现实主义大师。著有约 90 部描绘法国社会各个阶层人物的生活实态的小说《人间喜剧》《幽谷百合》《表妹贝特》等。

27. **莎士比亚**（**William Shakespeare 1564—1616**）：英国剧作家、诗人。1592 年 28 岁时即开始于伦敦戏剧界崭露头角。自那以后的约 20 年间，创作了 37 部戏曲、2 篇长诗、154 篇十四行诗。以富于人性情怀并兼具对社会的无比洞察力和诗的精神，通过兼备大众性、娱乐性的戏剧创作技巧，把具有普遍性的人生百态搬上了舞台。主要作品有《理查德三世》《哈姆雷特》《李尔王》等。

28. **米斯特拉尔**（**Gabriela Mistral 1889—1957**）：智利女诗人、外交官。曾任智利大学教授、马德里等领事。1945 年获诺贝尔文学奖，成为拉丁美洲第一位得奖者。主要著作有《死的十四行诗》《爱情》《破坏》等。

29. **六道轮回**：六道即是地狱、饿鬼、畜生、修罗、人、天的六界。不知佛法的众生，无法逃脱此六道的轮回，不能提升人性改革，不断地恶性循环。